U0155843

# 园林有境

陈从周 —— 著

CnS 湖南美术出版社
PUBLISHING & MEDIA
全国百佳图书出版单位

· 长沙 ·

# 目 录

# 说　园

# 说园 *

　　我国造园具有悠久的历史，在世界园林中树立着独特风格，自来学者从各方面进行分析研究，各抒高见。如今就我在接触园林中所见闻掇拾到的，提出来谈谈，姑名"说园"。

　　园有静观、动观之分，这一点我们在造园之先，首要考虑。何谓静观？就是园中予游者多驻足的观赏点；动观就是要有较长的游览线。二者说来，小园应以静观为主，动观为辅。庭院专主静观。大园则以动观为主，静观为辅。前者如苏州网师园，后者则苏州拙政园差可似之。人们进入网师园宜坐宜留之建筑多，绕池一周，有槛前细数游鱼，

---

* 此文系作者1978年春应上海植物园所请而作的讲话稿，经整理而成。

有亭中待月迎风，而轩外花影移墙，峰峦当窗，宛然如画，静中生趣。至于拙政园径缘池转，廊引人随，与"日午画船桥下过，衣香人影太匆匆"的瘦西湖相仿佛，妙在移步换影，这是动观。立意在先，文循意出。动静之分，有关园林性质与园林面积大小。像上海正在建造的盆景园，则宜以静观为主，即为一例。

中国园林是由建筑、山水、花木等组合而成的一个综合艺术品，富有诗情画意。叠山理水要造成"虽由人作，宛自天开"的境界。山与水的关系究竟如何呢？简言之，模山范水，用局部之景而非缩小，处理原则悉符画本（网师园水池仿虎丘白莲池，极妙）。山贵有脉，水贵有源，脉源贯通，全园生动。我曾经用"水随山转，山因水活"与"溪水因山成曲折，山蹊随地作低平"来说明山水之间的关系，也就是从真山真水中所得到的启示。明末清初叠山家张南垣主张用平冈小陂、陵阜陂阪，也就是要使园林山水接近自然。如果我们能初步理解这个道理，就不至于离自然太远，多少能呈现水石交融的美妙境界。

中国园林的树木栽植，不仅为了绿化，且要具有画意。窗外花树一角，即折枝尺幅；山间古树三五，幽篁一丛，乃模拟枯木竹石图。重姿态，不讲品种，和盆栽一样，能"入画"。拙政园的枫杨、网师园的古柏，都是一园之胜，左右大局，如果这些饶有画意的古木丢了，一园景色顿减。树木品种又多有特色，如苏州留园原多白皮松，怡园多松、梅，沧浪亭满种箬竹，各具风貌。可是近年来没有注意这个问题，品种搞乱了，各园个性渐少，似要引以为戒。宋人郭熙说得好："山以水为血脉，以草木为毛发，以烟云为神采。"草尚如此，何况树木呢？我总觉得一地方的园林应该有那个地方的植物特色，并且土生土长的树木存活率高，成长得快，几年可茂然成林。它与植物园有别，是以观赏为主，而非以种多斗奇。要能做到"园以景胜，景因园异"，那真是不容易。这当然也包括花卉在内。同中求不同，不同中求同，我国园林是各具风格的。古代园林在这方面下过功夫，虽亭台楼阁，山石水池，而能做到风花雪月，光景常新。我们民族在欣赏艺术上存乎一种特性，花木重姿态，音乐重旋律，书画重笔意等，都表现了要用水磨功夫，才能达到耐看耐听，经得起细细的推敲，蕴藉有余味。在民族形式的探讨上，这些似乎对我们有所启发。

园林景物有仰观、俯观之别，在处理上亦应区别对待。楼阁掩映，山石森严，曲水湾环，都存乎此理。"小红桥

廊桥「小飞虹」

拙政园

水中楼阁

拙政园

外小红亭,小红亭畔,高柳万蝉声。""绿杨影里,海棠亭畔,红杏梢头。"这些词句不但写出园景层次,有空间感和声感,同时高柳、杏梢,又都把人们的视线引向仰观。文学家最敏感,我们造园者应向他们学习。至于"一丘藏曲折,缓步百跻攀",则又皆留心俯视所致。因此园林建筑物的顶、假山的脚、水口、树梢,都不能草率从事,要着意安排。山际安亭,水边留矶,是能引人仰观、俯观的方法。

我国名胜也好,园林也好,为什么能这样勾引无数中外游人,百看不厌呢?风景洵美,固然是重要原因,但还有个重要因素,即其中有文化、有历史。我曾提过风景区或园林有文物古迹,可丰富其文化内容,使游人产生更多的兴会、联想,不仅仅是到此一游、吃饭喝水而已。文物与风景区园林相结合,文物赖以保存,园林借以丰富多彩,两者相辅相成,不矛盾而统一。这样才能体现出一个有古今文化的社会主义中国园林。

中国园林妙在含蓄,一山一石,耐人寻味。立峰是一种抽象雕刻品,美人峰细看才像。九狮山亦然。鸳鸯厅的前后梁架,形式不同,不说不明白,一说才恍然大悟,竟寓鸳鸯之意。奈何今天有许多好心肠的人,唯恐游者不了解,水池中装了人工大鱼,熊猫馆前站着泥塑熊猫,如做着大广告，与含蓄两字背道而驰，失去了中国园林的精神所在，真大煞风景。鱼要隐现方妙，熊猫馆以竹林引胜，渐入佳境，游者反多增趣味。过去有些园名，如寒碧山庄（留园）[1]、梅园和网师园，都可顾名思义，园内的特色是白皮松、梅和水。尽人皆知的西湖十景，更是佳例。亭榭之额真是赏景的说明书。拙政园的荷风四面亭，人临其境，即无荷风，亦觉风在其中，发人遐思。而对联文字之隽永，书法之美妙，更令人一唱三叹，徘徊不已。镇江焦山顶的别峰庵，为郑板桥读书处，小斋三间，一庭花树，门联写着"室雅无须大；花香不在多"。游者见到，顿觉心怀舒畅，亲切地感到景物宜人，博得人人称好，游罢个个传诵。至于匾额，有砖刻、石刻，联屏有板对、竹对、板屏、大理石屏，外加石刻书条石，皆少用画面，比具体的形象来得曲折耐味。其所以不用装裱的屏联，因园林建筑多敞口，有损纸质，额对露天者用砖石，室内者用竹木，皆因地制宜而安排。住宅之厅堂斋室，悬挂装裱字画，可增加内部光线及音响效果，使居者有明朗清静之感，有与无，情况大不相同。当时宣纸规格、装裱大小皆有一定，乃根据建筑尺度而定。

园林中曲与直是相对的，要曲中寓直，灵活应用，曲

9

直自如。画家讲画树，要无一笔不曲，斯理至当。曲桥、曲径、曲廊，本来在交通意义上，是由一点到另一点而设置的。园林中两侧都有风景，随直曲折一下，使行者左右顾盼有景，信步其间使距程延长，趣味加深。由此可见，曲本直生，重在曲折有度。有些曲桥，定要九曲，既不临水面（园林桥一般要低于两岸,有凌波之意），又生硬屈曲，行桥宛若受刑，其因在于不明此理（上海豫园前九曲桥即坏例）。

造园在选地后，就要因地制宜，突出重点，作为此园之特征，表达出预想的境界。北京圆明园，我说它是"因水成景，借景西山"，园内景物皆因水而筑，招西山入园，终成"万园之园"。无锡寄畅园为山麓园，景物皆面山而构，纳园外山景于园内。网师园以水为中心，殿春簃一院虽无水，西南角凿冷泉，贯通全园水脉，有此一眼，绝处逢生，终不脱题。新建东部，设计上既背固有设计原则，且复无水，遂成僵局，是事先对全园未作周密的分析，不加思索而造成的。

园之佳者如诗之绝句，词之小令，皆以少胜多，有不尽之意，寥寥几句，弦外之音犹绕梁间（大园总有不周之处，正如长歌慢调，难以一气呵成）。我说园外有园，景

园中一角，竹石入画　网师园

11

厅内装裱与厅外
光影

留 园

外有景，即包括在此意之内。园外有景妙在"借"，景外有景在于"时"，花影、树影、云影、水影，风声、水声、鸟语、花香，有形之景，无形之景，交响成曲。所谓诗情画意益然而生，与此有密切关系（参见拙作《建筑中的"借景"问题》）。

万顷之园难以紧凑，数亩之园难以宽绰。紧凑不觉其大，游无倦意，宽绰不觉局促，览之有物，故以静、动观园，有缩地扩基之妙。而大胆落墨，小心收拾（画家语），更为要谛，使宽处可容走马，密处难以藏针（书家语）。故颐和园有烟波浩渺之昆明湖，复有深居山间的谐趣园，于此可悟消息。造园有法而无式，在于人们的巧妙运用其规律。计成 * 所说的"因借"（因地制宜，借景），就是法。《园冶》一书终未列式。能做到园有大小之分，有静观动观之别，有郊园市园之异等，各臻其妙，方称"得体"（体宜）。中国画的兰竹看来极简单，画家能各具一格；古典折子戏，亦复喜看，每个演员演来不同，就是各有独到之处。造园之理与此理相通。如果定一式使学者死守之，奉为经典，

---

\* 计成是中国明末的园林学家，对中国园林的造园叠山有一套系统的理论，在中国园林艺术的研究领域建树颇多。有著名的园林理论著作《园冶》传世，书成于公元 1631—1634 年间。

则如画谱之有《芥子园》，文章之有八股一样。苏州网师园被公认为小园极则，所谓"小而精，以少胜多"，其设计原则很简单，运用了假山与建筑相对而互相更换的一个原则（苏州园林基本上用此法。网师园东部新建反其道，终于未能成功），无旱船*、大桥、大山，建筑物尺度略小，数量适可而止，停停当当，像一个小园格局。反之，狮子林增添了大船，与水面不称，不伦不类，就是不"得体"。清代汪春田重葺文园有诗："换却花篱补石栏，改园更比改诗难。果能字字吟来稳，小有亭台亦耐看。"说得透彻极了，到今天读起此诗，对造园工作者来说，还是十分亲切的。

园林中的大小是相对的，不是绝对的，无大便无小，无小也无大。园林空间越分隔，感到越大，越有变化，以有限面积，造无限空间，因此大园包小园，即基此理（大湖包小湖亦是如此，如西湖三潭印月）。是例极多，几成为造园的重要处理方法。佳者如拙政园之枇杷园、海棠坞，颐和园之谐趣园等，都能达到很高的艺术效果。如果

---

* 旱船是中国园林常见的一种建筑形式，为水边建造的船形建筑物，以供临水游憩眺望。

入门便觉是个大园，内部空旷平淡，令人望而生畏，即入园亦未能游遍全园，故园林令人不起游兴，是失败的。如果景物有特点，委婉多姿，游之不足，下次再来。风景区也好，园林也好，不要使人一次游尽，留待多次，有何不好呢？我很惋惜很多名胜地点，为了扩大空间，更希望一览无遗，甚至于希望能一日游或半日游，一次观完，下次莫来，将许多古名胜园林的围墙拆去，大是大了，得到的是空，西湖平湖秋月、西泠印社都有这样的后果。西泠饭店造了高层，葛岭矮小了一半。扬州瘦西湖妙在瘦字，今后不准备在其旁建造高层建筑，是有远见的。本来瘦西湖风景区是一个私家园林群（扬州城内的花园巷，同为私家园林群，一用水路交通，一用陆上交通），其妙在各园依水而筑，独立成园，既分又合，隔院楼台，红杏出墙，历历倒影，宛若图画。虽瘦而不觉寒酸，反窈窕多姿。今天感到美中不足的，似觉不够紧凑，主要建筑物少一些，分隔不够。在以后的修建中，这个原来瘦西湖的特征，还应该保留下来。拙政园将东园与之合并，大则大矣，原来部分益现局促，而东园辽阔，游人无兴，几成为过道。分之两利，合之两伤。

本来中国木构建筑，在体形上有其个性与局限性，殿是殿，厅是厅，亭是亭，各具体例，皆有一定的尺度，不能超越，画虎不成反类犬，放大缩小各有范畴。平面使用不够，可几个建筑相连，如清真寺礼拜殿用勾连搭的方法相连，或几座建筑缀以廊庑，成为一组。拙政园东部将亭子放大了，既非阁，又不像亭，人们看不惯，有很多意见。相反，瘦西湖五亭桥与白塔是模仿北京北海大桥、五龙亭及白塔，因为地位不够大，将桥与亭合为一体，形成五亭桥，白塔体形亦相应缩小，这样与湖面相称了，形成了瘦西湖的特征，不能不称佳构，如果不加分析，难以辨出它是一个北海景物的缩影，做得十分"得体"。

远山无脚，远树无根，远舟无身（只见帆），这是画理，亦造园之理。园林的每个观赏点，看来皆一幅幅不同的画，要深远而有层次。"常倚曲栏贪看水，不安四壁怕遮山。"如能懂得这些道理，宜掩者掩之，宜屏者屏之，宜敞者敞之，宜隔者隔之，宜分者分之等等，见其片段，不逞全形，图外有画，咫尺千里，余味无穷。再具体点说：建亭须略低山巅，植树不宜峰尖，山露脚而不露顶、露顶而不露脚，大树见梢不见根、见根不见梢之类。但是运用上却细致而费推敲，小至一树的修剪、片石的移动，都要影响风景的构图。真是一枝之差，全园败景。拙政园玉兰堂后的古树

春柳与池鱼　　留　园

枯死，今虽补植，终失旧貌。留园曲溪楼前有同样的遭遇。至此深深体会到，造园困难，管园亦不易，一个好的园林管理者，他不但要考查园的历史，更应知道园的艺术特征，等于一个优秀的护士对病人作周密细致的了解。尤其重点文物保护单位，更不能鲁莽从事，非经文物主管单位同意，须照原样修复，不得擅自更改，否则不但破坏园林风格，且有损文物。

郊园多野趣，宅园贵清新。野趣接近自然，清新不落常套。无锡蠡园为庸俗无野趣之例，网师园属清新典范。前者虽大，好评无多；后者虽小，赞辞不已。至此可证园不在大而在精，方称艺术上品。此点不仅在风格上有轩轾，就是细至装修陈设皆有异同。园林装修同样强调因地制宜，敞口建筑重线条轮廓，玲珑出之，不用精细的挂落装修，因易损伤；家具以石凳、石桌、砖面桌之类，以古朴为主。厅堂轩斋有门窗者，则配精细的装修。其家具亦为红木、紫檀、楠木、花梨所制，配套陈设，夏用藤绷椅面，冬加椅披椅垫，以应不同季节的需要。但亦须根据建筑物的华丽与雅素，分别作不同的处理。华丽者用红木、紫檀，雅素者用楠木、花梨；其雕刻之繁简亦同样对待。家具俗称"屋肚肠"，其重要可知，园缺家具，即胸无点墨，水平高下自在其中。过去网师园的家具陈设下过大功夫，确实做到相当高的水平，使游者更全面地领会我国园林艺术。

古代园林张灯夜游是一件大事，屡见诗文，但张灯是盛会，许多名贵之灯是临时悬挂的，张后即移藏，非永久固定于一地。灯也是园林一部分，其品类与悬挂亦如屏联一样，皆有定格，大小形式各具特征。现在有些园林为了适应夜游，都装上电灯，往往破坏园林风格，正如宜兴善卷洞一样，五色缤纷，宛若餐厅，几不知其为洞穴，要还我自然。苏州狮子林在亭的戗角头装灯，甚是触目。对古代建筑也好，园林也好，名胜也好，应该审慎一些，不协调的东西少强加于它。我以为照明灯应隐，装饰灯宜显，形式要与建筑协调。至于装挂地位，敞口建筑与封闭建筑有别，有些灯玲珑精巧不适用于空廊者，挂上去随风摇曳，有如塔铃，灯且易损，不可妄挂，而电线电杆更应注意，既有害园景，且阻视线，对拍照人来说，真是有苦说不出。凡兹琐琐，虽多陈音俗套，难免絮聒之讥，似无关大局，然精益求精，繁荣文化，愚者之得，聊资参考！

作者注

1    见刘蓉峰（恕）《寒碧山庄记》："予因而葺之，拮据五年，粗有就绪。
     以其中多植白皮松，故名寒碧庄。罗致太湖石颇多，皆无甚奇，乃于虎
     阜之阴砂碛中获见一石笋，广不满二尺，长几二丈。询之土人，俗呼为
     斧劈石，盖川产也。不知何人辇至卧于此间，亦不知历几何年。予以百
     斛艘载归，峙于寒碧庄听雨楼之西。自下而窥，有干霄之势，因以为名。"
     此隶书石刻残碑，我于 1975 年 12 月发现，今存留园。

# 续说园

造园一名"构园",重在"构"字,含意至深。深在思致,妙在情趣,非仅土木绿化之事。杜甫《陪郑广文游何将军山林十首》《重过何氏五首》,一路写来,园中有景,景中有人,人与景合,景因人异。吟得与构园息息相通,"名园依绿水,野竹上青霄","绿垂风折笋,红绽雨肥梅",园中景也;"兴移无洒扫,随意坐莓苔","石栏斜点笔,桐叶坐题诗",景中人也。有此境界,方可悟构园神理。

风花雪月,客观存在,构图者能招之即来,听我驱使,则境界自出。苏州网师园,有亭名"月到风来",临池西向,有粉墙若屏,正撷此景精华,风月为我所有矣。西湖三潭印月,如无潭则景不存,谓之"点景"。画龙点睛,破壁而出，其理自同。有时一景"相看好处无一言"，必借之以题辞，辞出而景生。《红楼梦》"大观园试才题对额"一回（第十七回），描写大观园工程告竣，各处亭台楼阁要题对额，说："若大景致，若干亭榭，无字标题，任是花柳山水，也断不能生色。"

由此可见题辞是起"点景"之作用。题辞必须流连光景，细心揣摩，谓之"寻景"。

清人江弢叔有诗云："我要寻诗定是痴，诗来寻我却难辞。今朝又被诗寻着，满眼溪山独去时。""寻景"达到这一境界，题辞才显神来之笔。

我国古代造园，大都以建筑物开路。私家园林，必先造花厅，然后布置树石，往往边筑边拆，边拆边改，翻工多次，而后妥帖。沈元禄记猗园谓："奠一园之体势者，莫如堂；据一园之形胜者，莫如山。"盖园以建筑为主，树石为辅，树石为建筑之联缀物也。今则不然，往往先凿池铺路，主体建筑反落其后，一园未成，辄动万金，而游人尚无栖身之处，主次倒置，遂成空园。至于绿化，有些园林、风景区、名胜古迹，砍老木、栽新树，俨若苗圃，美其名为"以园养园"，亦悖常理。

园既有"寻景"，又有"引景"。何谓"引景"？即点景引人。西湖雷峰塔圯后，南山之景全虚。景有情则显，情之源在于人。"芳草有情，夕阳无语，雁横南浦，人倚西楼。"无楼便无人，无人即无情，无情亦无景，此景关键在楼。证此可见建筑物之于园林及风景区的重要性了。

前人安排景色，皆有设想，其与具体环境不能分隔，始有独到之笔。西湖满觉陇一径通幽，数峰环抱，故配以桂丛，香溢不散，而泉淙淙，山气霏霏，花滋而馥郁，宜其秋日赏桂，游人信步盘桓，流连忘返。闻今已开公路，宽道扬尘，此景顿败。至于小园植树，其具芬芳者，皆宜围墙；而芭蕉分翠，忌风碎叶，故栽于墙根屋角；牡丹香花，向阳斯盛，须植于主厅之南。此说明植物种植，有藏露之别。

盆栽之妙在小中见大。"栽来小树连盆活，缩得群峰入座青。"乃见巧思。今则越放越大，无异置大象于金丝鸟笼。盆栽三要：一本，二盆，三架，缺一不可。宜静观，须孤赏。

我国古代园林多封闭，以有限面积,造无限空间,故"空灵"二字，为造园之要谛。花木重姿态，山石贵丘壑，以少胜多，须概括、提炼。曾记一戏台联："三五步行遍天下；六七人雄会万师。"演剧如此，造园亦然。

拙政园之见山楼，
题出陶渊明诗
「悠然见南山」，
楹联「来云归砚盒；
栽梦入花心」，
郑板桥题

园角木绣球

留园

白皮松独步中国园林，因其体形松秀，株干古拙，虽少年已是成人之概。杨柳亦宜装点园林，古人诗词中屡见不鲜，且有以万柳名园者。但江南园林则罕见之，因柳宜濒水，植之宜三五成行，叶重枝密，如帷如幄，少透漏之致，一般小园，不能相称。而北国园林，面积较大，高柳侵云，长条拂水，柔情万千，别饶风姿，为园林生色不少。故具体事物必具体分析，不能强求一律。有谓南方园林不植杨柳，因蒲柳早衰，为不吉之兆。果若是，则拙政园何来"柳荫路曲"一景呢？

　　风景区树木，皆有其地方特色。即以松而论，有天目山松、黄山松、泰山松等，因地制宜，以标识各座名山的天然秀色。如今有不少"摩登"园林家，以"洋为中用"来美化祖国河山，用心极苦。即以雪松而论，几如药中之有青霉素，可治百病，全国园林几将遍植。"白门（南京）杨柳好藏鸦""绿杨城郭是扬州"，今皆柳老不飞絮，户户有雪松了。泰山原以泰山松独步天下，今在岱庙中也种上雪松，古建筑居然西装革履，无以名之，名之曰"不伦不类"。

　　园林中亭台楼阁，山石水池，其布局亦各有地方风格，差异特甚。旧时岭南园林，每周以楼，高树深池，阴翳生凉，水殿风来，溽暑顿消，而竹影兰香，时盈客袖，此唯岭南园林得之，故能与他处园林分庭抗衡。

园林中求色，不能以实求之。北国园林，以翠松朱廊衬以蓝天白云，以有色胜。江南园林，小阁临流，粉墙低桠，得万千形象之变。白本非色，而色自生；池水无色，而色最丰。色中求色，不如无色中求色。故园林当于无景处求景，无声处求声。动中求动，不如静中求动。景中有景，园林之大镜、大池也，皆于无景中得之。

小园树宜多落叶，以疏植之，取其空透；大园树宜适当补常绿，则旷处有物。此为以疏救塞、以密补旷之法。落叶树能见四季，常绿树能守岁寒，北国早寒，故多植松柏。

石无定形，山有定法。所谓法者，脉络气势之谓，与画理一也。诗有律而诗亡，词有谱而词衰，汉魏古风、北宋小令，其卓绝处不能以格律绳之者。至于学究咏诗、经生填词，了无性灵，遑论境界。造园之道，消息相通。

假山平处见高低，直中求曲折，大处着眼，小处入手。黄石山起脚易，收顶难；湖石山起脚难，收顶易。黄石山要浑厚中见空灵，湖石山要空灵中寓浑厚。简言之，黄石山失之少变化，湖石山失之太琐碎。石形、石质、石纹、石理，皆有不同，不能一律视之，中存辩证之理。叠黄石

天光水影

网师园

环秀山庄　假山水口

山能做到面面有情，多转折；叠湖石山能达到宛转多姿，少做作，此难能者。

叠石重拙难，竖古朴之峰尤难，森严石壁更非易致。而石矶、石坡、石磴、石步，正如云林小品，其不经意处，亦即全神最贯注处，非用极大心思，反复推敲，对全景作彻底之分析解剖，然后以轻灵之笔，随意着墨，正如颊上三毛，全神飞动。不经意之处，要格外经意。明代假山，其厚重处，耐人寻味者正在此。清代同光时期假山，欲以巧取胜，反趋纤弱，实则巧夺天工之假山，未有不从重拙中来。黄石之美在于重拙，自然之理也。没有质性，必无佳构。

明代假山，其布局至简，磴道、平台、主峰、洞壑，数事而已，千变万化，其妙在于开阖。何以言之？开者山必有分，以涧谷出之，上海豫园大假山佳例也。阖者必主峰突兀，层次分明，而山之余脉，石之散点，皆开之法也。故旱假山之山根、散石，水假山之石矶、石濑，其用意一也。明人山水画多简洁，清人山水画多繁琐，其影响两代叠山，不无关系。

明张岱《陶庵梦忆》中评仪征汪园三峰石云："余见其弃地下一白石，高一丈、阔二丈而痴，痴妙。一黑石，阔八尺、高丈五而瘦，瘦妙。"痴妙，瘦妙，张岱以"痴"字、"瘦"字品石，盖寓情在石。清龚自珍品人用"清丑"一词，移以品石极善。广州园林新点黄蜡石，甚顽。指出"顽"字，可补张岱二妙之不足。

假山有旱园水做之法，如上海嘉定秋霞圃之后部，扬州二分明月楼前部之叠石，皆此例也。园中无水，而利用假山之起伏，平地之低降，两者对比，无水而有池意，故云"水做"。至于水假山以旱假山法出之，旱假山以水假山法出之，则谬矣。因旱假山之脚与水假山之水口两事也。若水假山用崖道、石矶、湾头，旱假山不能用；反之，旱假山之石根、散点又与水假山者异趣。至于黄石不能以湖石法叠，湖石不能运黄石法，其理更明。总之，观天然之山水，参画理之所示，外师造化，中发心源，举一反三，无往而不胜。

园林有大园包小园，风景有大湖包小湖，西湖三潭印月为后者佳例。明人钟伯敬所撰《梅花墅记》："园于水。水之上下左右，高者为台，深者为室；虚者为亭，曲者为廊；横者为渡，竖者为石；动植者为花鸟，往来者为游人，无非园者。然则人何必各有其园也。身处园中，不知其为园，园之中各有园，而后知其为园，此人情也。"造园之学，有通哲理，可参证。

园外之景与园内之景，对比成趣，互相呼应，相地之妙，技见于斯。钟伯敬《梅花墅记》又云："大要三吴之水，至甫里（甪直）始畅，墅外数武，反不见水，水反在户以内。盖别为暗窦，引水入园，开扉垣，步过杞菊斋……登阁所见，不尽为水，然亭之所跨，廊之所往，桥之所踞，石所卧立，垂杨修竹之所冒荫，则皆水也。……从阁上缀目新眺，见廊周于水，墙周于廊，又若有阁亭亭处墙外者。林木荇藻，竟川合绿，染人衣裾，如可承揽，然不可得即至也。……又穿小酉洞，憩招爽亭，苔石啮波，曰锦淙滩。指修廊中隔水外者，竹树表里之。流响交光，分风争日，往往可即，而仓卒莫定其处，姑以廊标之。"文中所述之园，以水为主，而用水有隐有显，有内有外，有抑扬、曲折。而使水归我所用，则以亭阁廊等左右之，其造成水旱二层之空间变化者，唯建筑能之。故"园必隔，水必曲"。今日所存水廊，盛称拙政园西部者，而此梅花墅之水犹仿佛似之，知吴中园林渊源相承，固有所自也。

童寯老人曾谓，拙政园"藓苔蔽路，而山池天然，丹青淡剥，反觉逸趣横生"。真小颓风范，丘壑独存，此言园林苍古之境，尤胜藻饰。而苏州留园华瞻，如七宝楼台

游廊

拙政园

33

拆下不成片段，故稍损易见败状。近时名胜园林，不修则已，一修便过了头。苏州拙政园水池驳岸，本土石相错，如今无寸土可见，宛若满口金牙。无锡寄畅园八音涧失调，顿逊前观，可不慎乎？可不慎乎？

景之显在于"勾勒"。最近应常州之约，共商红梅阁园之布局。我认为园既名"红梅阁"，当以红梅出之，奈数顷之地遍植红梅，名为梅圃可矣，称园林则不当，且非朝夕所能得之者。我建议园贯以廊，廊外参差植梅，疏影横斜，人行其间，暗香随衣，不以红梅名园，而游者自得梅矣。其景物之妙，在于以廊"勾勒"，处处成图，所谓少可以胜多，小可以见大。

园林密易疏难，绮丽易雅淡难，疏而不失旷，淡雅而不流于寒酸。拙政园中部两者兼而得之，无怪乎自明迄今，誉满江南，但今日修园林者未明此理。

古人构园成必题名，皆有托意，非泛泛为之者。清初杨兆鲁营常州近园，其记云："自抱疴归来，于注经堂后买废地六七亩，经营相度，历五年于兹，近似乎园，故题曰近园。"知园名之所自，谦抑称之。忆前年于马鞍山市雨山湖公园，见一亭甚劣，尚无名。属我命之，我题为"暂亭"，意在不言中，而人自得之。其与"大观园""万柳堂"

之类者，适反笔出之。

苏州园林，古典剧之舞台装饰颇受其影响，但布景与实物不能相提并论。今则见园林建筑又仿舞台装饰者，玲珑剔透，轻巧可举，活像上海城隍庙之"巧玲珑"（纸扎物），又如画之临摹本，搔首弄姿，无异东施效颦。

漏窗在园林中起"泄景""引景"作用，大园景可泄，小园景则宜引不宜泄。拙政园"海棠春坞"，庭院也，其漏窗能引大园之景。反之，苏州怡园不大，园门旁开两大漏窗，顿成败笔，形既不称，景终外暴，无含蓄之美矣。拙政园新建大门，庙堂气太甚，颇近祠宇，其于园林不得体者有若此。同为违反园林设计之原则，如于风景区及名胜古迹之旁，新建建筑往往喧宾夺主，其例甚多。谦虚为美德，尚望甘当配角，博得大家的好评。

"池馆已随人意改，遗篇犹逐水东流，漫盈清泪上高楼。"这是我前几年重到扬州，看到园林被破坏的情景，并怀念已故的梁思成、刘敦桢二前辈而写的几句词句，当时是有感触的。今续为说园，亦有所感而发，但心境各异。

# 说园

## （三）

　　余既为《说园》《续说园》，然情之所钟，终难自已，晴窗展纸，再抒鄙见，芜驳之辞，存商求正，以"说园（三）"名之。

　　晋陶潜（渊明）《桃花源记》云"中无杂树，芳草鲜美"，此亦风景区花树栽植之卓见，匠心独具。与"采菊东篱下，悠然见南山"句，同为千古绝唱，前者说明桃花宜群植远观，绿茵衬繁花，其景自出；而后者暗示"借景"。虽不言造园，而理自存。

　　看山如玩册页，游山如展手卷，一在景之突出，一在景之联续。所谓静动不同，情趣因异，要之必有我存在，所谓"我见青山多妩媚，料青山、见我应如是"。何以得之，有赖于题咏，故画不加题显俗，景无摩崖（或匾对）难明，文与艺未能分割也。"云无心以出岫，鸟倦飞而知还。"景之外兼及动态声响。余小游扬州瘦西湖，舍舟登岸，止于小金山"月观"，信动观以赏月，赖静观以小休，兰香竹影，鸟语桨声，而一抹夕阳斜照窗棂，香、影、光、声相交织，静中见动，动中寓静，极辩证之理于造园览景之中。

园林造景，有有意得之者，亦有无意得之者，尤以私家小园，地甚局促，往往于无可奈何之处，而以无可奈何之笔化险为夷，终挽全局。苏州留园之"华步小筑"一角，用砖砌地穴门洞，分隔成狭长小径，得"庭院深深深几许"之趣。

今不能证古，洋不能证中，古今中外自成体系，决不容借尸还魂，不明当时建筑之功能与设计者之主导思想，以今人之见强与古人相合，谬矣。试观苏州网师园之东墙下，备仆从出入留此便道，如住宅之设"避弄"。与其对面之径山游廊，具极明显之对比，所谓"径莫便于捷，而又莫妙于迂"可证。因此，评园必究园史，更须熟悉当时之生活，方言之成理。园有一定之观赏路线，正如文章之有起承转合，手卷之有引首、卷本、拖尾，有其不可颠倒之整体性。今苏州拙政园入口处为东部边门，网师园入口处为北部后门，大悖常理。记得《义山杂纂》列人间煞风景事有"松下喝道、看花泪下、苔上铺席、花下晒裈、游春载重、石笋系马、月下把火、背山起楼、果园种菜、花架下养鸡鸭"等。今余为之增补一条曰:"开后门以延游客。"质诸园林管理者以为如何?至于苏州以沧浪亭、狮子林、拙政园、留园"号称"宋元明清四大名园。留园与拙政园同为建于明而重修于清者,何分列于两代,此又令人不解者。余谓以静观者为主之网师园,动观为主之拙政园,苍古之沧浪亭,华瞻之留园,合称苏州四大名园,则予游者以易领会园林特征也。

造园如缀文,千变万化,不究全文气势立意,而仅务词汇叠砌者,能有佳构乎?文贵乎气,气有阳刚阴柔之分,行文如此,造园又何独不然。割裂分散,不成文理,借一亭一榭以斗胜,正今日所乐道之园林小品也。盖不通乎我国文化之特征,难于言造园之气息也。

南方建筑为棚,多敞口。北方建筑为窝,多封闭。前者原出巢居,后者来自穴处,故以敞口之建筑,配茂林修竹之景,园林之始,于此萌芽。园林以空灵为主,建筑亦起同样作用,故北国园林终逊南中。盖建筑以多门窗为胜,以封闭出之,少透漏之妙。而居人之室,更须有亲切之感,"众鸟欣有托,吾亦爱吾庐",正咏此也。

38

小园若斗室之悬一二名画，宜静观。大园则如美术展览会之集大成，宜动观。故前者必含蓄耐人寻味，而后者设无吸引人之重点，必平淡无奇。园之功能因时代而变，造景亦有所异，名称亦随之不同，故以小公园、大公园（公园之公，系对私园而言）名之。新中国成立前则可，今似多商榷，我曾建议是否皆须冠公字。今南通易狼山公园为北麓园，苏州易城东公园为东园，开封易汴京公园为汴园，似得风气之先。至于市园、郊园、平地园、山麓园，各具环境地势之特征，亦不能以等同之法设计之。

整修前人园林，每多不明立意。余谓对旧园有"复园"与"改园"二议。设若名园，必细征文献图集，使之复原，否则以己意为之，等于改园。正如装裱古画，其缺笔处，必以原画之笔法与设色续之，以成全璧。如用戈裕良之叠山法弥明人之假山，与以四王之笔法接石涛之山水，顿异旧观，真愧对古人，有损文物矣。若一般园林，颓败已极，残山剩水，犹可资用，以今人之意修改，亦无不可，姑名之曰"改园"。

我国盆栽之产生，与建筑具有密切之关系，古代住宅以院落天井组合而成，周以楼廊或墙垣，空间狭小，阳光较少，故吴下人家每以寸石尺树布置小景，点缀其间，往往见天不见日，或初阳煦照，一瞬即过，要皆能适植物之性，保持一定之温度与阳光，物赖以生，景供人观。东坡诗所谓："微雨止还作，小窗幽更妍。盆山不见日，草木自苍然。"最能得此神理。盖生活所需之必然产物，亦穷则思变，变则能通，所谓"适者生存"。今以开畅大园，置数以百计之盆栽，或置盈丈之乔木于巨盆中，此之谓大而无当。而风大日烈，蒸发过大，难保存活，亦未深究盆景之道而盲为也。

华丽之园难简，雅淡之园难深。简以救俗，深以补淡，笔简意浓，画少气壮。如晏殊诗："梨花院落溶溶月，柳絮池塘淡淡风。"艳而不俗，淡而有味，是为上品。皇家园林，过于繁缛，私家园林，往往寒俭，物质条件所限也。无过无不及，得乎其中。须割爱者能忍痛，须补添者无吝色。即下笔千钧，反复推敲。闺秀之画能脱脂粉气，释道之画能脱蔬笋气，少见者。刚以柔出，柔以刚现。扮书生而无穷酸相，演将帅而具台阁气，皆难能也。造园之理，与一切艺术无不息息相通。故余曾谓明代之园林，与当时之文学、艺术、戏曲同一思想感情，而以不同形式出现之。

能品园，方能造园，眼高手随之而高，未有不辨乎味能为著食谱者。故造园一端，主其事者，学养之功，必超乎实际工作者。计成云："三分匠，七分主人。"言主其事者之重要，非污蔑工人之谓。今以此而批判计氏者，实尚未读通计氏《园冶》也。讨论学术，扣以政治帽子，此风当不致再长矣。

假假真真，真真假假。《红楼梦》大观园假中有真，真中有假，是虚构，亦有作者曾见之实物。是实物，又有参与作者之虚构。其所以迷惑读者处正在此。故假山如真方妙，真山似假便奇，真人如造像，造像似真人，其捉弄人者又在此。造园之道，要在能"悟"，有终身事其业，而不解斯理者正多。甚矣！造园之难哉。

园中立峰，亦存假中寓真之理，在品题欣赏上以感情悟物，且进而达到人格化。

文学艺术作品言意境，造园亦言意境。王国维《人间词话》所谓境界也。对象不同，表达之方法亦异，故诗有诗境，词有词境，曲有曲境。"曲径通幽处，禅房花木深"，诗境也；"梦后楼台高锁，酒醒帘幕低垂"，词境也；"枯藤老树昏鸦，小桥流水人家"，曲境也。意境因情景不同而异，其与园林所现意境亦然。园林之诗情画意，即诗与画之境界在实际景物中出现，统名之曰意境。"景露则境界小，景隐则境界大。""引水须随势，栽松不趁行。""亭台到处皆临水，屋宇虽多不碍山。""几个楼台游不尽，一条流水乱相缠。"此虽古人咏景说画之辞，造园之法适同，能为此，则意境自出。

园林叠山理水，不能分割言之，亦不可以定式论之，山与水相辅相成，变化万方。山无泉而若有，水无石而意存，自然高下，山水仿佛其中。昔苏州铁瓶巷顾宅艮庵前一区，得此消息。江南园林叠山，每以粉墙衬托，盖觉山石紧凑峥嵘，此粉墙画本也。若墙不存，则如一丘乱石，故今日以大园叠山，未见佳构者正在此。画中之笔墨，即造园之水石，有骨有肉，方称上品。石涛（道济）画之所以冠世，在于有骨有肉，笔墨俱备。板桥（郑燮）学石涛有骨而无肉，重笔而少墨。盖板桥以书家作画，正如工程家构园，终少韵味。

建筑物在风景区或园林之布置，皆因地制宜，但主体建筑始终维持其南北东西平直方向。斯理甚简，而学者未明者正多。镇江金山、焦山、北固山三处之寺，布局各殊，风格终异。金山以寺包山，立体交通。焦山以山包寺，院落区分。北固以寺镇山，雄踞其巅。故同临长江，取景亦各览其胜。金山宜远眺，焦山在平览，而北固山在俯瞰。皆能于观上着眼，于建筑物布置上用力，各臻其美，学见

42

乎斯。

山不在高，贵有层次；水不在深，妙于曲折。峰岭之胜，在于深秀。江南常熟虞山，无锡惠山，苏州上方山，镇江南郊诸山，皆多此特征。泰山之能为五岳之首者，就山水而言，以其有山有水。黄山非不美，终鲜巨瀑，设无烟云之出没，此山亦未能有今日之盛名。

风景区之路，宜曲不宜直，小径多于主道，则景幽而客散，使有景可寻、可游，有泉可听，有石可留，吟想其间，所谓："入山唯恐不深，入林唯恐不密。"山须登，可小立顾盼，故古时皆用磴道，亦符人类两足直立之本意，今易以斜坡，行路自危，与登之理相背。更以筑公路之法而修游山道，致使丘壑破坏，漫山扬尘，而游者集于道与飙轮争途，拥挤可知，难言山屐之雅兴。西湖烟霞洞本由小径登山，今汽车达巅，其情无异平地之灵隐飞来峰前，真是"豁然开朗"，拍手叫好，从何处话烟霞耶？闻西湖诸山拟一日之汽车游程可毕，如是西湖将越来越小。此与风景区延长游览线之主旨相背，似欠明智。游兴、赶程，含义不同，游览宜缓，赶程宜速，今则适正倒置。孤立之山筑登山盘旋道，难见佳境，极易似毒蛇之绕颈，将整座山数段分割，无耸翠之姿，高峻之态。证以西湖玉皇山与福州鼓山二道，可见轩轾。后者因山势重叠，故可掩拙。名山筑路千万慎重，如经破坏，景物一去不复返矣。千古功罪，待人评定。至于入山旧道，切宜保存，缓步登临，自有游客。泉者，山眼也。今若干著名风景地，泉眼已破，终难再活。趵突无声，九溪渐涸，此事非可等闲视之。开山断脉，打井汲泉，工程建设未与风景规划相配合，元气大伤，徒唤奈何。楼者，透也。园林造楼必空透。"画栋朝飞南浦云，珠帘暮卷西山雨。"境界可见。松者，松也。枝不能多，叶不能密，方见姿态。而刚柔互用，方见效果。杨柳必存老干，竹木必露嫩梢，皆反笔出之。今西湖白堤之柳，尽易新苗，老树无一存者，顿失前观。"全部肃清，彻底换班"，岂可用于治园耶？

风景区多茶室，必多厕所，后者实难处理，宜隐蔽之。今厕所皆饰以漏窗，宛若"园林小品"。余曾戏为打油诗"我为漏窗频叫屈，而今花样上茅房"（我于1953年刊《漏窗》一书，其罪在我）之句。漏窗功能为泄景，厕所有何景可泄？曾见某处新建厕所，漏窗盈壁，其左刻石为"香泉"，其右刻石为"龙飞凤舞"，见者失笑。鄙意游览大风景区，宜设茶室，以解游人之渴。至于范围小之游览区，若西湖西泠印社、苏州网师园似可不必设置茶室，占用楼堂空间。

而大型园林茶室有如宾馆餐厅，亦未见有佳构者，主次未分，本末倒置。如今风景区将园林商店化，似乎游人游览就是采购物品，几乎古刹成庙会，名园皆市肆，则"东篱为市井，有辱黄花矣"。园林局将成为商业局，此名之曰"不务正业"。

浙中叠山重技而少艺，以洞见长，山类皆孤立，其佳者有杭州元宝街胡宅、学官巷吴宅、孤山文澜阁等处，皆尚能以水佐之。降及晚近，以平地叠山，中置一洞，上覆一平台，极简陋。此皆浙之东阳匠师所为。彼等非专攻叠山，原为水作之工，杭人称为阴沟匠者，鱼目混珠，以诳不识者。后因"洞多不吉"，遂易为小山花台，此入民国后之状也。从前叠山，有苏帮、宁（南京）帮、扬帮、金华帮、上海帮（后出，为宁、苏之混合体）。而南宋以后著名叠山师，则来自吴兴、苏州。吴兴称山匠，苏州称花园子，浙中又称假山师或叠山师，扬州称石匠，上海（旧松江府）称山师，名称不一。云间（松江）名手张涟、张然父子，人称张石匠，名动公卿间，张涟父子流寓京师，其后人承其业，即山子张也。要之，太湖流域所叠山，自成体系，而宁、扬又自一格，所谓苏北系统，其与浙东匠师皆各立门户，但总有高下之分。其下者就石论石，心存叠字，遑论相石选石，更不谈石之纹理，专攻五日一洞、十日一山摹拟真状，以大缩小，实假戏真做，有类儿戏矣。故云，叠山者，艺术也。

鉴定假山，何者为原构？何者为重修？应注意留心山之脚、洞之底，因低处不易毁坏，如一经重叠，新旧判然。再细审灰缝，详审石理，必渐能分晓，盖石缝有新旧，胶合品成分亦各异，石之包浆，斧凿痕迹，在在可佐证也。苏州留园，清嘉庆间刘氏重补者，以湖石接黄石，更判然明矣。而旧假山类多山石紧凑相挤，重在垫塞，功在平衡，一经拆动，涣然难收陈局。佳作必拼合自然，曲具画理，缩地有法，观其局部，复察全局，反复推敲，结论遂出。

近人但言上海豫园之盛，却未言明代潘氏宅之情况，宅与园仅隔一巷耳。潘宅在今园东安仁街梧桐路一带，旧时称安仁里。据叶梦珠《阅世编》所记："建第规模，甲于海上。面昭雕墙，宏开峻宇，重轩复道，几于朱邸，后楼悉以楠木为之，楼上皆施砖砌，登楼与平地无异。涂金染采，丹垩雕刻，极工作之巧。"以此建筑结构，证豫园当日之规模，其相称也。惜今已荡然无存。

清初画家恽寿平（南田）《瓯香馆集》卷十二："壬戌八月，客吴门拙政园，秋雨长林，致有爽气。独坐南轩，望隔岸横冈，叠石峻嶒，下临清池，涧路盘纡，上多高槐、桂、柳、桧、柏，虬枝挺然，迥出林表。绕堤皆芙蓉，红翠相间，俯视澄明，游鳞可取，使人悠然有濠濮闲趣。自南轩过艳雪亭，渡红桥而北，傍横冈循涧道，山麓尽处有堤通小阜，林木翳如，池上为湛华楼，与隔水回廊相望，此一园最胜地也。"壬戌为清康熙二十一年（1682），南田五十岁时（生于明崇祯六年癸酉即1633，死于清康熙二十九年庚午即1690）所记，如此翔实。南轩为倚玉轩，艳雪亭似为荷风四面亭，红桥即曲桥。湛华楼以地位观之，即见山楼所在。隔水回廊，与柳荫路曲一带出入亦不大。以画人之笔，记名园之景，修复者能悟此境界，固属高手，但"此歌能有几人知"，徒唤奈何。保园不易，修园更难。不修则已，一修惊人。余再重申研究园史之重要，以为此篇殿焉。曩岁叶恭绰先生赠余一联："洛阳名园（记），扬州画舫（录）；武林遗（旧）事，日下旧闻（考）。"以四部园林古迹之书目相勉，则余今之所作，岂徒然哉。

# 说园

## （四）

一年漫游，触景殊多，情随事迁，遂有所感，试以管见论之，见仁见智，各取所需。书生谈兵，容无补于事实，存商而已。因续前三篇，故以"说园（四）"名之。

造园之学，主其事者须自出己见，以坚定之立意，出宛转之构思，成者誉之，败者贬之。无我之园，即无生命之园。

水为陆之眼，陆多之地要保水；水多之区要疏水。因水成景，复利用水以改善环境与气候。江村湖泽，荷塘菱沼，蟹簖渔庄，水上产物，不减良田，既增收入，又可点景。王士祯诗云："江干多是钓人居，柳陌菱塘一带疏。好是日斜风定后，半江红树卖鲈鱼。"神韵天然，最是依人。

旧时城垣，垂杨夹道，杜若连汀，雉堞参差，隐约在望，建筑之美与天然之美交响成曲。王士禛诗云："绿杨城郭是扬州。"今已拆，此景不可再得矣。故城市特征，首在山川地貌，而花木特色实占一地风光。成都之为蓉城，福州之为榕城，皆予游者以深刻之印象。

恽寿平论画："青绿重色，为浓厚易，为浅淡难。为浅淡易，而愈见浓厚为尤难。"造园之道，正亦如斯。所谓实处求虚，虚中得实，淡而不薄，厚而不滞，存天趣也。今经营风景区园事者，破坏真山，乱堆假山，堵却清流，易置喷泉，抛却天然而善作伪，大好泉石，随意改观，如无喷泉未是名园者。明末钱澄之记黄檗山居（在桐城之龙眠山），论道："吴中人好堆假山以相夸诩，而笑吾乡园亭之陋。予应之曰：'吾乡有真山水，何以假为？唯任真，故失诸陋，洵不若吴人之工于作伪耳。'"又论此园："彼此位置，各不相师，而各臻其妙，则有真山水为之质耳。"此论妙在拈出一个"质"字。

山林之美，贵于自然，自然者，存真而已。建筑物起"点景"作用，其与园林似有所别，所谓锦上添花，花终不能压锦也。宾馆之作，在于栖息小休，宜着眼于周围有幽静之境，能信步盘桓，游目骋怀，故室内外空间互相呼应，以资流通，晨餐朝晖，夕枕落霞，坐卧其间，小中可以见大。反之，高楼镇山，汽车环居，喇叭彻耳，好鸟惊飞。俯视下界，豆人寸屋，大中见小，渺不足观，以城市之建筑，夺山林之野趣，徒令景色受损，游者扫兴而已。丘壑平如砥，高楼塞天地，此几成为目前旅游风景区所习见者。闻更有欲消灭山间民居之举，诚不知民居为风景区之组成部分，点缀其间，楚楚可人，古代山水画中每多见之。余客瑞士，日内瓦山间民居，窗明几净，予游客以难忘之情。余意以为风景区之建筑，宜隐不宜显，宜散不宜聚，宜低不宜高，宜麓（山麓）不宜顶（山顶），须变化多，朴素中有情趣，要随宜安排，巧于因借，存民居之风格，则小院曲户，粉墙花影，自多情趣。游者生活其间，可以独处，可以留客，城市山林，两得其宜。明末张岱在《陶庵梦忆》中记范长白园（苏州天平山之高义园）云："园外有长堤，桃柳曲桥，蟠屈湖面，桥尽抵园，园门故作低小，进门则长廊复壁，直达山麓，其绘楼幔阁，秘室曲房，故匿之，不使人见也。"又毛大可《彤史拾遗记》记崇祯所宠之贵妃，扬州人，"尝厌宫闱过高迥，崇杠大牖，所居不适意。乃就廊房为低槛曲楯，蔽以帟幰，杂采扬州诸什器床簟，供设其中"，以证余创山居宾舍之议不谬。

园林与建筑之空间，隔则深，畅则浅，斯理甚明，故假山、廊、桥、花墙、屏、幕、隔扇、书架、博古架等，皆起隔之作用。旧时卧室用帐、碧纱橱，亦同样效果。日本居住之室小，席地而卧，以纸橱小屏分之，皆属此理。今西湖宾馆、餐厅，往往高大如宫殿，近建孤山楼外楼，体量且超颐和园之排云殿，不如易名太和楼则更名副其实矣。太和殿尚有屏隔之，有柱分之，而今日之大餐厅几同体育馆。风景区往往因建造一大宴会厅，开石劈山，有如兴建营房，真劳民伤财，遑论风景之存不存矣。旧时园林，有东西花厅之设，未闻有大花厅之举。大宾馆、大餐厅、大壁画、大盆景、大花瓶，以大为尚，真是如是如是，善哉善哉。

不到苏州，一年有奇，时萦梦寐。近得友人王西野先生来信："虎丘东麓就东山庙遗址，正在营建盆景园，规模之大，无与伦比。按东山庙为王珣祠堂，亦称短簿祠，因珣身材短小，曾为主簿,后人戏称'短簿'。清汪琬诗:'家临绿水长洲苑，人在青山短簿祠。'陈鹏年诗:'春风再扫生公石，落照仍衔短簿祠。'怀古情深，写景入画，传诵于世。今堆叠黄石大假山一座，天然景色，破坏无余。盖虎丘一小阜耳，能与天下名山争胜，以其寺里藏山，小中见大，剑池石壁，浅中见深，历代名流题咏殆遍，为之增

隔扇门

留园

色。今在真山面前堆假山，小题大做，弄巧成拙，足下见之，亦当扼腕太息，徒呼负负也。"此说与鄙见合，恐主其事者，不征文献，不谙古迹与名胜之史实，并有一"大"字在脑中作怪也。

风景区之经营，不仅安排景色宜人，而气候亦须宜人。今则往往重景观，而忽视局部小气候之保持，景成而气候变矣。七月间到西湖，园林局邀游金沙港，初夏傍晚，余热未消，信步入林，溽暑无存，水佩风来，几入仙境，而流水淙淙，绿竹猗猗，隔湖南山如黛，烟波出没，浅淡如水墨轻描，正有"独笑熏风更多事，强教西子舞霓裳"之概。我本湖上人家，却从未享此清福。若能保持此与外界气候不同之清凉世界，即该景区规划设计之立意所在，一旦破坏，虽五步一楼，十步一阁，亦属虚设，盖悖造园之理也。金沙港应属水泽园，故建筑、桥梁等均宜贴水、依水，映带左右，而茂林修竹，清风自引，气候凉爽，绿云摇曳，荷香轻溢，野趣横生。"黄茅亭子小楼台，料理溪山煞费才。"能配以凉馆竹阁，益显西子淡妆之美，保此湖上消夏一地，他日待我杖履其境，从容可作小休。

吴江同里镇，江南水乡之著者，镇环四流，户户相望，家家临河，因水成街，因水成市，因水成园。任氏退思园于江南园林中独辟蹊径，具贴水园之特例。山、亭、馆、廊、轩、榭等皆紧贴水面，园如浮水上。其与苏州网师园诸景依水而筑者，予人以不同景观，前者贴水，后者依水。所谓依水者，因假山与建筑物等皆环水而筑，唯与水之关系尚有高下远近之别，遂成贴水园与依水园两种格局。皆因水制宜，其巧妙构思则又有所别，设计运思，于此可得消息。余谓大园宜依水，小园重贴水，而最关键者则在水位之高低。我国园林用水，以静止为主，清许周生筑园杭州，名"鉴止水斋"，命意在此，源出我国哲学思想，体现静以悟动之辩证观点。

水曲因岸，水隔因堤，移花得蝶，买石绕云，因势利导，自成佳趣。山容水色，善在经营，中小城市有山水能凭借者，能做到有山皆是园、无水不成景，城因景异，方是妙构。

济南珍珠泉，天下名泉也。水清浮珠，澄澈晶莹。余曾于朝曦中饮露观泉，爽气沁人，境界明静，奈何重临其地，已异前观，黄石大山，狰狞骇人，高楼环压，其势逼人，杜甫咏《望岳》"会当凌绝顶，一览众山小"之句，不意于此得之。山小楼大，山低楼高，溪小桥大，溪浅桥高。汽车行于山侧，飞轮扬尘，如此大观，真可说是不古不今，不中不西，不伦不类。造园之道，可不慎乎？

反之，潍坊十笏园，园甚小，故以十笏名之。清水一池，山廊围之，轩榭浮波，极轻灵有致。触景成咏："老去江湖兴未阑，园林佳处说般般。亭台虽小情无限，别有缠绵水石间。"北国小园，能饶水石之胜者，以此为最。

泰山有十八盘，盘盘有景，景随人移，气象万千，至南天门，群山俯于脚下，齐鲁青青，千里未了，壮观也。自古帝王，登山封禅，翠华临幸，高山仰止。如易缆车，匆匆而来，匆匆而去，景游与货运无异。而破坏山景，固不待言，实不解登十八盘参玉皇顶而小天下之宏旨。余尝谓旅与游之关系，旅须速，游宜缓，相背行事，有负名山。缆车非不可用，宜于旅，不宜于游也。

名山之麓，不可以环楼、建厂，盖断山之余脉矣。此种恶例，在在可见。新游南京燕子矶、栖霞寺，人不到景点，不知前有景区，序幕之曲，遂成绝响，主角独唱，鸦噪聒耳。所览之景，未允环顾。燕子矶仅临水一面尚可观外，余则黑云滚滚，势袭长江。坐石矶戏为打油诗："燕子燕子，何不高飞，久栖于斯，坐以待毙。"旧时胜地，不可不来，亦不可再来。山麓既不允建高楼工厂，而低平建筑却不能缺少，点缀其间，景深自幽，层次增多，亦远山无脚之处理手法。

近年风景名胜之区，与工业矿藏矛盾日益尖锐。取蛋杀鸡之事，屡见不鲜，如南京正在开幕府山矿石，取栖霞山之银矿。以有烟工厂而破坏无烟工厂，为取之可尽之资源，而竭取之不尽之资源，最后两败俱伤，同归于尽。应从长远观点来看，权衡轻重，深望主其事者切莫等闲视之。古迹之处应以古为主，不协调之建筑万不能移入。杭州北高峰与南京鼓楼之电视塔，真是触目惊心。在此等问题上，应明确风景区应以风景为主，名胜古迹应以名胜古迹为主，其他一切不能强加其上。否则，大好河山、祖国文化，将损毁殆尽矣。

唐代白居易守杭州，浚西湖筑白沙堤，未闻其围垦造田。宋代苏轼因之，清代阮元继武前贤，千百年来，人颂其德，建苏白二公祠于孤山之阳。郁达夫有"堤柳而今尚姓苏"之句美之。城市兴衰，善择其要而谋之，西湖为杭州之命脉，西湖失即杭州衰。今日定杭州为旅游风景城市，即基于此。至于城市面貌亦不能孤立处理，务使山水生妍，相映增色。沿钱塘江诸山，应加以修整，襟江带湖，实为杭州最胜处。

古迹之区，树木栽植，亦必心存"古"字，南京清凉山，门颜额曰"六朝遗迹"。入其内，雪松夹道，岂六朝时即植此树耶？古迹新装，洋为中用，令人朵颐。古迹之修复，非仅建筑一端而已，其环境气氛，陈设之得体，在在有史可据。否则何言古迹？言名胜足矣。"无情最是台城柳，依旧烟笼十里堤。"此意谁知？近人常以个人之喜爱，强加于古人之上。蒲松龄故居，藻饰有如地主庄园，此老如在，将不认其书生陋室。今已逐渐改观，初复原状，诚佳事也。

园林不在乎饰新，而在于保养；树木不在乎添种，而在于修整。山必古，水必活，草木华滋，好鸟时鸣，四时之景，无不可爱。园林设市肆，非其所宜，主次务必分明。园林建筑必功能与形式相结合，古时造园，一亭一榭，几曲回廊，皆据实际需要出发，不多筑，不虚构，如作诗行文，无废词赘句。学问之道，息息相通。今之园思考欠周，亦如文之推敲不够。园所以兴游，文所以达意。故余谓绝句难吟，小园难筑，其理一也。

王时敏《乐郊园分业记》："……适云间张南垣至，其巧艺直夺天工，怂恿为山甚力……因而穿池种树，标峰置岭。庚申（清康熙十九年，1680）经始，中间改作者再四，凡数年而后成。磴道盘纡，广池潆潋，周遮竹树蓊郁，浑若天成，而凉台邃阁，位置随宜，卉木轩窗，参错掩映，颇极林壑台榭之美。"以张南垣（涟）之高技，其营园改作者再四，益证造园施工之重要，间亦必需要之翻工修改，必须留有余地。凡观名园，先论神气，再辨时代，此与鉴定古物，其法一也。然园林未有不经修者，故首观全局，次审局部，不论神气，单求枝节，谓之舍本求末，难得定论。

巨山大川，古迹名园，首在神气。五岳之所以为天下名山，亦在于"神气"之旺。

今规划风景，不解"神气"，必至庸俗低级，有污山灵。尝见江浙诸洞，每以自然抽象之山石，改成恶俗之形象，故余屡称"还我自然"。此仅一端，人或尚能解之者；它若大起华厦，畅开公路，空悬索道，高竖电塔，凡兹种种，山水神气之劲敌也，务必审慎，偶一不当，千古之罪人矣。

园林因地方不同，气候不同，而特征亦不同。园林有其个性，更有其地方性，故产生园林风格，亦因之而异。即使同一地区，亦有市园、郊园、平地园、山麓园等之别。园与园之间，亦不能强求一律，而各地文化艺术、风土人情、树木品类、山水特征等等，皆能使园变化万千，如何运用，各臻其妙者，在于设计者之运思。故言造园之学，其识不可不广，其思不可不深。

恽寿平论画云："潇洒风流谓之韵，尽变奇穷谓之趣。"

不独画然，造园置景，亦可互参。今之造园，点景贪多，便少韵致。布局贪大，便少佳趣，韵乃自书卷中得来，趣必从个性中表现。一年游踪所及，评量得失，如此而已。

# 说园

## （五）

　　《说园》首篇余既阐造园动观静观之说，意有未尽，续畅论之。动静二字，本相对而言，有动必有静，有静必有动，然而在园林景观中，静寓动中，动由静出，其变化之多，造景之妙，层出不穷，所谓通其变，遂成天下之文。若静坐亭中，行云流水，鸟飞花落，皆动也。舟游人行，而山石树木，则又静止者。止水静，游鱼动，静动交织，自成佳趣。故以静观动，以动观静，则景出。"万物静观皆自得，四时佳景与人同。"事物之变，概乎其中。若园林无水、无云、无影、无声、无朝晖、无夕阳，则无以言天趣，虚者，实所倚也。

　　静之物，动亦存焉。坐对石峰，透漏俱备，而皴法之明快，线条之飞俊，虽静犹动。水面似静，涟漪自动。画面似静，动态自现。静之物若无生意，即无动态。故动观静观，实造园产生效果之最关键处，明乎此，则景观之理得初解矣。

质感存真，色感呈伪，园林得真趣，质感居首，建筑之佳者，亦有斯理，真则存神，假则失之。园林失真，有如布景。书画失真，则同印刷。故画栋雕梁，徒炫眼目。竹篱茅舍，引人遐思。《红楼梦》"大观园试才题对额"一回，曹雪芹借宝玉之口，评稻香村之作伪云："此处置一田庄，分明是人力造作而成。远无邻村，近不负郭，背山无脉，临水无源，高无隐寺之塔，下无通市之桥，峭然孤出，似非大观，那及先处（指潇湘馆）有自然之理，得自然之趣呢？虽种竹引泉，亦不伤穿凿。古人云'天然图画'四字，正恐非其地而强为其地，非其山而强为其山，即百般精巧，终非相宜。"所谓"人力造作"，所谓"穿凿"者，伪也；所谓"有自然之理，得自然之趣"者，真也。借小说以说园，可抵一篇造园论也。

郭熙谓"水以石为面""水得山而媚"。自来模山范水，未有孤立言之者。其得山水之理，会心乎此，则左右逢源。要之此二语，表面观之似水石相对，实则水必赖石以变。无石则水无形、无态，故浅水露矶，深水列岛。广东肇庆七星岩，岩奇而水美，矶濑隐现波面，而水洞幽深，水湾曲折，水之变化无穷，若无水，则岩不显，岸无形。故两者决不能分割而论，分则悖自然之理，亦失真矣。

一园之特征，山水相依，凿池引水，尤为重要。苏南之园，其池多曲，其境柔和。宁绍之园，其池多方，其景平直。故水本无形，因岸成之，平直也好，曲折也好，水口堤岸皆构成水面形态之重要手法。至于水柔水刚，水止水流，亦皆受堤岸以左右之。石清得阴柔之妙，石顽得阳刚之健，浑朴之石，其状在拙；奇突之峰，其态在变，而丑石在诸品中尤为难得，以其更富于个性，丑中寓美也。石固有刚柔美丑之别，而水亦有奔放宛转之致，是皆因石而起变化。

荒园非不可游，残篇非不可读，须知佳者虽零锦碎玉亦是珍品，犹能予人留恋，存其珍耳。龚自珍诗云："未济终焉心缥缈，百事翻从阙陷好。吟到夕阳山外山，古今谁免余情绕。"造园亦必通此消息。

"春见山容，夏见山气，秋见山情，冬见山骨。""夜山低，晴山近，晓山高。"前人之论，实寓情观景，以见四时之变。造景自难，观景不易。"泪眼问花花不语。"痴也；"解释春风无限恨。"怨也。故游必有情，然后有兴，钟情山水，

64

留园水池

65

知己泉石，其审美与感受之深浅，实与文化修养有关。故我重申：不能品园，不能游园；不能游园，不能造园。

造园，综合性科学、艺术也，且包含哲理，观万变于其中。浅言之，以无形之诗情画意，构有形之水石亭台，晦明风雨，又皆能促使其景物变化无穷，而南北地理之殊，风土人情之异，更加因素增多。且人游其间，功能各取所需，绝不能从幻想代替真实，故造园脱离功能，固无佳构；究古园而不明当时社会及生活，妄加分析，正如汉儒释经，转多穿凿。因此，古今之园，必不能陈陈相因，而丰富之生活，渊博之知识，要皆有助于斯。

一景之美，画家可以不同笔法表现之，文学家可以不同角度描写之。演员运腔，各抒其妙，哪宗哪派，自存面貌。故同一园林，可以不同手法设计之，皆由观察之深，提炼之精，特征方出。余初不解宋人大青绿山水以朱砂作底，色赤，上敷青绿，迨游中原嵩山，时值盛夏，土色皆红，所被草木尽深绿色，而楼阁参差，金碧辉映，正大小

李将军 * 之山水也。其色调皆重厚，色度亦相当，绚烂夺目，中原山川之神乃出。而江南淡青绿山水，每以赭石及草青打底，轻抹石青石绿，建筑勾勒间架，衬以淡赪，清新悦目，正江南园林之粉本。故立意在先，协调从之，自来艺术手法一也。

余尝谓苏州建筑与园林，风格在于柔和，吴语所谓"糯"。扬州建筑与园林，风格则多雅健。如宋代姜夔词，以"健笔写柔情"，皆欲现怡人之园景，风格各异，存真则一。风格定始能言局部单体，宜亭斯亭，宜榭斯榭。山叠何派，水引何式，必须成竹在胸，才能因地制宜，借景有方，亦必循风格之特征，巧妙运用之。选石择花，动静观赏，均有所据，故造园必以极镇静而从容之笔，信手拈来，自多佳构。所谓以气胜之，必整体完整矣。

余闽游观山，秃峰少木，石形外露，古根盘曲，而山势山貌毕露，分明能辨何家山水，何派皴法，能于实物中悟画法，可以画法来证实物。而闽溪水险，矶濑激湍，凡

---

* 指的是唐代画家李思训、李昭道父子，其开创的金碧青绿山水画法，即在隋朝展子虔的青绿山水基础上，多加泥金一色，用以勾勒山的轮廓与建筑物等，被誉为"金碧辉煌"，对后世影响深远。因李思训曾受封"右武卫大将军"，故时人称"大李将军"，其子因随之。

此琐琐，皆叠山极好之祖本。它如皖南徽州、浙东方岩之石壁，画家皴法，方圆无能。此种山水皆以皴法之不同，予人以动静感觉之有别，古人爱石、面壁，皆参悟哲理其中。

填词有"过片（变）"（亦名"换头"），即上半阕与下半阕之间，词与意必须若即若离，其难在此。造园亦必注意"过片"，运用自如，虽千顷之园，亦气势完整，韵味隽永。曲水轻流，峰峦重叠，楼阁掩映，木仰花承，皆非孤立。其间高低起伏，闿畅逶迤，处处皆有"过片"，此过渡之笔在乎各种手法之适当运用。即如楼阁以廊为过渡，溪流以桥为过渡。色泽由绚烂而归平淡，无中间之色不见调和，画中所用补笔接气，皆为过渡之法，无过渡则气不贯、园不空灵。虚实之道，在乎过渡得法，如是，则景不尽而韵无穷，实处求虚，正曲求余音，琴听尾声，要于能察及次要，而又重于主要，配角有时能超于主角之上者。"江流天地外，山色有无中。"贵在无胜于有也。

城市必须造园，此有关人民生活，欲臻其美，妙在"借""隔"，城市非不可以借景，若北京三海，借景故宫，嵯峨城阙，杰阁崇殿，正李格非《洛阳名园记》所述："以北望，则隋唐宫阙楼殿，千门万户，岧峣璀璨，延亘十余里，凡左太冲十余年极力而赋者，可瞥目而尽也。"但未闻有烟囱近园，厂房为背景者。有之，唯今日之苏州拙政园、耦园，已成此怪状，为之一叹。至若能招城外山色，远寺浮屠，亦多佳例。此一端在"借"，而另一端在"隔"。市园必隔，俗者屏之。合分本相对而言，亦相辅而成，不隔其俗，难引其雅，不掩其丑，何逞其美。造景中往往有能观一面者，有能观两面者，在乎选择得宜。上海豫园萃秀堂，乃尽端建筑，厅后为市街，然面临大假山，深隐北麓，人留其间，不知身处市嚣中，仅一墙之隔，判若仙凡，隔之妙可见。故以隔造景，效果始出。而园之有前奏，得能渐入佳境，万不可率尔从事，前述过渡之法，于此须充分利用。江南市园，皆存前奏。今则往往开门见山，唯恐人不知其为园林。苏州怡园新建大门，即犯此病，沧浪亭虽属半封闭之园，而园中景色，隔水可呼，缓步入园，前奏有序，信是成功。

旧园修复，首究园史，详勘现状，情况彻底清楚，对山石建筑等作出年代鉴定，特征所在，然后考虑修缮方案。如裱古画接笔须反复揣摩，其难有大于创作，必再三推敲，审慎下笔。其施工程序，当以建筑居首，木作领先，水作为辅，大木完工，方可整池、修山、立峰，而补树添花，有时须穿插行之，最后铺路修墙。油漆悬额，一园乃成，唯待家具之布置矣。

造园可以遵古为法，亦可以洋为师，两者皆不排斥。古今结合，古为今用，亦势所必然，若境界不究，风格未求，妄加抄袭拼凑，则非所取。故古今中外，造园之史，构园之术，来龙去脉，以及所形成之美学思想，历史文化条件，在在须进行探讨，然后文有据，典有征，古今中外运我笔底，则为尚矣。古人云："临画不如看画，遇古人真本，向上研求，视其定意若何，结构若何，出入若何，偏正若何，安放若何，用笔若何，积墨若何，必于我有出一头地处，久之自与吻合矣。"用功之法，足可参考。日本明治维新之前，学习中土，明治维新后效法欧洲，近又模仿美国，其建筑与园林，总表现大和民族之风格，所谓有"日本味"。此种现状，值得注意。至于历史之研究自然居首重地位，试观其图书馆所收之中文书籍，令人瞠目，即以《园冶》而论，我国亦转录自东土。继以欧美资料亦汗牛充栋，而前辈学者，如伊东忠太、常盘大定、关野贞诸先生，长期调查中国建筑，所为著作，至今犹存极高之学术地位，真表现其艰苦结实之治学态度与方法，以抵于成，得力于收集之大量直接与间接资料，由博反约。他山之石，可以攻玉。园林重"借景"，造园与为学又何独不然。

　　园林言虚实，为学亦若是。余写《说园》，连续五章，虽洋洋万言，至此江郎才尽矣。半生湖海，踏遍名园，成此空论，亦自实中得之。敢贡己见，求教于今之方家。老去情怀，期有所得，当秉烛赓之。

# 园林清议 *

今天很高兴有机会来与大家谈园林问题和中国园林的特征。中国园林应该说是"文人园"，其主导思想是文人思想，或者说士大夫思想，因为士大夫也属于文人。其表现特征就是诗情画意，所追求的是避去烦嚣，寄情山水，以城市山林化，造园就是山林再现的手法，而达明代造园家计成所说"虽由人作，宛自天开"的境界。

中国古代造园，当然离不了叠山，开始是模仿真山的大小来造，进而以真山缩小模型化，但皆不称意，看不出效果，最后，取山之局部，以小见大，抽象出之，叠山之技尚矣。明清两代的假山就是遵照这个立意而成的。今天遗下了很多的佳构，其构思也是一点一滴而来的。山石之外，建筑、水池、树木，组成巧妙的配合，体现了"诗情画意"，而建筑在中国园林中又处主要地位，所谓亭台楼阁、曲廊画桥，因此谈到中国园林，便会出现这些东西。在这些如诗如画的园林里，便会触景生情，吟出好诗来，所以亭阁上面还有额联，文化水平高者，立即洞悉其奥妙，文化水平低者，借着文字点景便能明白。正如老残到了济南大明湖，看见"四面荷花三面柳，一城山色半城湖"，老残豁然领会了这里的特色，暗暗称道："真个不错。"

文学艺术往往是由简到繁，由繁到简，造园也是如此。李格非的《洛阳名园记》没有叠石假山的记载。明清时才多假山，假山有洞有平台，水池方面有临水之建筑，有不临水之建筑。佛祖讲经，迦叶豁然了释，而众人却不懂，造园亦具如此特点。明代园林，山石水池厅堂，品类不多，安排得当，无一处雷同。清乾隆时，产生了空腹假山，当时懂得用 arch（拱），便用少量石头来堆大型假山。到晚清，作品趋于繁缛。然网师园能以简出之，遂成上品。而能臻乎上品者，关键在于悟，无悟便无巧。苏东坡亦是大园林家，他说："贫家净扫地，贫女巧梳头。"净即简，巧须悟。又云:"不识庐山真面目,只缘身在此山中。"或曰:"欲把西湖比西子,淡妆浓抹总相宜。"这景立即点出来了,造园不在花钱多,而要花思想多。二月间我到过香港,那里城门郊野公园的针峰一带,正是"横看成岭侧成峰,远近高低各不同",造园家要指出与众不同的地方,那么景观便有特色了。

清乾隆以前,假山有实砌,有土包石;到乾隆时,建筑粗硕,雕刻纤细,装修栏杆亦华丽了;在嘉庆、道光间,戈裕良总结当时新兴叠山做法,推广了空腹假山。是利用少量山石来叠山,中空藏石室,气势雄健,而洞则以钩带法出之,不必加条石承重,发挥券拱的作用,再配以华丽高敞的建筑物,形成了乾隆时代园林的特色,这种手法,可谓深得巧的三昧。宋代李格非《洛阳名园记》未言叠山,亦是"巧"的构思,它是利用洛阳黄土地带的特殊性,用土洞、黄土高低所成的丘壑土壁来布置,因此说"因地制宜"是造园的基本要素。太平天国后,社会出现了虚假性的繁荣,假山以石作台,多花坛,叠山的艺术性衰退了,建筑物用材瘦弱,做工华而不实,是一个时期经济水平的反映。过去造园,园主喜购入旧园重整,这是聪敏办法,因为有基础,略事增饰即成名园。太平天国后,有些园林中原演昆曲，亭榭厅中皆可利用演出。自京剧盛行后，很多园林就有戏厅戏台的产生。园林中有读书、作画、吟咏、养性、会客等功能外，再掺入了社交性的娱乐。然而娱乐还不过逢场作戏，士大夫资本家炫富的设施而已。

建设大山、水池、树木本是慢的，苏州留园在太平天国后修建时，加了大量建筑，很快便修复了。

造园未能离开功能而立意构思的，因为人要去居、游，而要社会经济基础、生活方式、意识形态、文化修养等多方面来决定，其水平高下要视文化。造园看主人，就是看文化，是十分精确的一句话。

计成在《园冶》中说过："雕栋飞楹构易，荫槐挺玉成难。"中国园林，越到后期，建筑物越增多，最突出的是太平天国以后，"中兴"将领、皇家都是求速成园，有许多园林，山石花木在园中几乎仅起点缀作用。上海豫园原为明代潘氏园，是士大夫的园林，清代改为会馆，大兴土木，厅堂增多，形成会馆园，园性质改，景观也起变化，而意境更不用说了。文章、书画、演戏讲气质，园林亦复如是，中国人求书卷气，这一条是中国传统艺术的命脉，色彩方面，要雅洁存质感。假山用混凝土来造，素菜以荤而名，不真了。

苍虬古木掩映中
的沧浪亭

真善美，三者在美学理论中讲得多了，造园也要讲真，真才能美。我说过"质感存真"，虚假性的，终是伪品，过去园林中的楠木厅、柏木亭，都不髹漆，看上去雅洁悦目，真石假山终比水泥假山来得有天趣，清泉飞瀑终比喷水池自然，园林佳作必体现这真的精神。山光水色，鸟语花香，迎来几分春色，招得一轮明月，能居，能游，能观，能吟，能想，能留客，有此多端，谁不爱此山林一角呢！

能留客的园林是令人左右顾盼，令人想入非非的，园林该留有余地，该令人遐想。

有时假的比真的好，所以要假中有真，真中有假，假假真真，方入妙境。

园林是捉弄人的，有真景，有虚景，真中有假，假中有真。因此，我题《红楼梦》的大观园有"红楼一梦真中假，大观园虚假幻真"之句。这样的园林含蓄不尽，能引人遐思。择境殊择交，厌直不厌曲，造园须曲，交友贵直，园能寓德，子孙多贤，故造园既为修身养性，而首重教育后代，用园林的意境感染人们读书、吟咏、书画、拍曲，以清雅的文化生活，从而培养成正直品高的人。因此造园者必先究理论研究与分析，无目的地以园林建筑小品妄凑一起，此谓之园林杂拼。

中国造园有许多可继承的，继承的并非形式，是理论、"因借"手法，因就是因地制宜，借即借景。其他对景、对比、虚实、深浅、幽远、隔曲、藏露……以及动观、静观相对的处理规律，这是有其法而无式，灵活运用，以清新空灵出之，全在于悟。

过去造园，各园皆具特色，亦如做文章，文如其人，面貌各异。现在造园，各地皆有园林管理机构、专职工程师、工程队，所以在风格上渐趋一律，至于若干旧园，不修则已，一修又顿异旧观，纳入相似规格，因此古人说"改园更比改诗难"。我很为历史上遗留下来的若干名园担心，再这样下去的话，共性日益增多，个性日渐减少，这个问题目前日见突出了，我们造园工作者，更应引起警惕。所以说不究园史，难以修园，休言造园。而"意境"二字，得之于学养，中国园林之所以称为文人园，实基于"文"，文人作品，又包括诗文、词曲、书画、金石、戏曲、文玩……甚矣，学养之功难言哉。

此文就我浅见所及，提出来向大家求正，还望有所教我。

# 园日涉以成趣

中国园林如画如诗，是集建筑、书画、文学、园艺等艺术的精华，在世界造园艺术中独树一帜。

每一个园都有自己的风格，游颐和园，印象最深的应是昆明湖与万寿山；游北海，则是湖面与琼华岛；苏州拙政园曲折弥漫的水面、扬州个园峻拔的黄石大假山等，也都令人印象深刻。

在造园时，如能利用天然的地形再加人工的设计配合，这样不但节约了人工物力，并且利于景物的安排，造园学上称为"因地制宜"。

中国园林有以山为主体的，有以水为主体的，也有以山为主水为辅，或以水为主山为辅的，而水亦有散聚之分，山有平冈峻岭之别。园以景胜，景因园异，各具风格。在

以水为主的

网师园

观赏时，又有动观与静观之趣。因此，评价某一园林艺术时，要看它是否发挥了这一园景的特色，不落常套。

中国古典园林绝大部分四周皆有墙垣，景物藏之于内。可是园外有些景物还要组合到园内来，使空间推展极远，予人以不尽之意，此即所谓"借景"。颐和园借近处的玉泉山和较远的西山景，每当夕阳西下时，在湖山真意亭处凭栏，二山仿佛移置园中，确是妙法。

中国园林，往往在大园中包小园，如颐和园的谐趣园、北海的静心斋、苏州拙政园的枇杷园、留园的揖峰轩等，它们不但给园林以开朗与收敛的不同境界，同时又巧妙地把大小不同、结构各异的建筑物与山石树木，安排得十分恰当。至于大湖中包小湖的办法，要推西湖的三潭印月最妙了。这些小园、小湖多数是园中精华所在，无论在建筑处理、山石堆叠、盆景配置等，都是细笔工描，耐人寻味。游园的时候，对于这些小境界，宜静观盘桓。它与廊引人随的动观看景，适成相反。

中国园林的景物主要摹仿自然，用人工的力量来建造天然的景色，即所谓"虽由人作，宛自天开"。这些景物虽不一定强调仿自某山某水，但多少有些根据，用精炼概括的手法重现。颐和园的仿西湖便是一例，可是它又不尽同于西湖，亦有利用山水画的画稿，参以诗词的情调，构成许多诗情画意的景色。在曲折多变的景物中，还运用了对比和衬托等手法。颐和园前山为华丽的建筑群，后山却是苍翠的自然景物，两者予人不同的感觉，却相得益彰。在中国园林中，往往以建筑物与山石作对比，大与小作对比，高与低作对比，疏与密作对比等等。而一园的主要景物又由若干次要的景物衬托而出，使宾主分明，像北京北海的白塔、景山的五亭、颐和园的佛香阁便是。

中国园林，除山石树木外，建筑物的巧妙安排也十分重要，如花间隐榭、水边安亭。还可利用长廊云墙、曲桥漏窗等，构成各种画面，使空间更加扩大，层次分明。因此，游过中国园林的人会感到庭园虽小，却曲折有致。这就是景物组合成不同的空间感觉，有开朗，有收敛，有幽深，有明畅。游园观景，如看中国画的长卷一样，园景次第接于眼帘，观之不尽。

"好花须映好楼台。"到过北海团城的人，没有一个不说团城承光殿前的松柏，布置得妥帖宜人。这是什么道理？其实是松柏的姿态与附近的建筑物高低相称，又利用了"树池"将它参差散植，加以适当的组合，使疏密有致，掩映成趣。苍翠虬枝与红墙碧瓦构成一幅极好的画面，怎不令

又一村

留园

冬日飘雪

留园

冠云峰

留园

人流连忘返呢？颐和园乐寿堂前的海棠，同样与四周的廊屋形成了玲珑绚烂的构图，这些都是绿化中的佳作。江南的园林利用白墙作背景，配以华滋的花木、清拔的竹石，明洁悦目，又别具一格。园林中的花木，大都是经过长期的修整，使姿态曲尽画意。

园林中除假山外，尚有立峰，这些单独欣赏的佳石，如抽象的雕刻品，欣赏时往往以情悟物，进而将它人格化，称其人峰、圭峰之类。它必具有"瘦、皱、透、漏"的特点，方称佳品，即要玲珑剔透。中国古代园林中，要有佳峰珍石，方称得名园。上海豫园的玉玲珑、苏州留园的冠云峰，在太湖石＊中都是上选，使园林生色不少。

若干园林亭阁，不但有很好的命名，有时还加上很好的对联。读过刘鹗的《老残游记》，总还记得老残在济南游大明湖，看了"四面荷花三面柳，一城山色半城湖"的对联后，暗暗称道："真个不错。"可见文学在园林中所起的作用。

不同的季节，园林呈现不同的风光。北宋名山水画

---

＊ 太湖石产于中国江苏省太湖流域，是一种多孔而玲珑剔透的石头，多用以点缀庭院，是建造中国园林不可少的材料。

秋色满园

拙政园

家郭熙在其画论《林泉高致》中说过："春山淡冶而如笑，夏山苍翠而如滴，秋山明净而如妆，冬山惨淡而如睡。"造园者多少参用了这些画理，扬州的个园便是用了春夏秋冬四季不同的假山。在色泽上，春山用略带青绿的石笋，夏山用灰色的湖石，秋山用褐色的黄石，冬山用白色的雪石。黄石山奇峭凌云，俾便秋日登高。雪石罗堆厅前，冬日可作居观，便是体现这个道理。

晓色春开，春随人意，游园当及时。

# 有法无式格自高

园林设计有法而无式，兹据现状，略作具体分析。

江南园林占地不广，然千岩万壑，清流碧潭，皆宛然如画，正如《履园丛话》所说："造园如作诗文，必使曲折有法。"因此对于山水、亭台、厅堂、楼阁、曲池、方沼、花墙、游廊等的安排，必使风花雪月，光景常新，不落窠臼，始为上品。对于总体布局及空间处理，务使观之不尽，极尽规划之能事。

总体布局可分为以下几种：

以水为主题的，其佳构多循"水随山转，山因水活"这基本原则。或贯以小桥，或绕以游廊，间列亭台楼阁，大者中列岛屿。此类如苏州网师园、怡园等。而庙堂巷畅园，地颇狭小，一水居中，绕以廊屋，宛如盆景。

园林之水，首在寻源，无源之水必成死水。但园林面积既小，欲使有汪洋之慨，则在于设计得法。其法有二：一、池面利用不规则的平面，间列岛屿，上贯以小桥，使人望去不觉一览无遗；二、留心曲岸水口的设计，故意做成许多湾头，望之仿佛有许多源流，如是，则水来去无尽头，有深壑藏幽之感。至于曲岸水口之利用芦苇，杂以菰蒲，则更显得隐约迷离，这要在较大的园林应用才妙。留园活泼泼地水榭临流，溪至榭下势已尽，但亦流入一小部分，俯视之下，若榭跨溪上，水不觉终止。沧浪亭以山为主，但西部的步碕廊突然逐渐加高，高瞰水潭，自然临渊莫测。苏州艺圃和上海豫园之桥与水几平，反之两岸山石愈显高峻了。怡园之桥，虽低于山，似嫌与水尚有一些距离。至于小溪作桥，在对比之下，其情况何如，不难想象。古人改用"点其步石"的方法，则更为自然有致。瀑布除环秀山庄、扬州汪氏小苑檐瀑外，它则罕有。

基地积水弥漫而占地广，布置遂较自由。如拙政园能发挥开朗变化的特色，其中部的一些小山，平冈小坡，曲岸回沙，都是运用人工方法来符合自然的意趣。池水聚分大小有别，大园宜分，小园宜聚，然聚必以分为辅，分必主次有序。网师园与拙政园是两个佳例，皆苏州园林上品。

前水后山，堂筑于水前，坐堂中穿水遥对山石，而堂则若水榭，横卧波面，苏州艺圃布局即如是。

至于中列山水，四周环以楼及廊屋，高低错落，迤逦相续，与中部山石相呼应，如苏州耦园东部者，在苏州尚不多见。

其次以山石为全园之主题，如环秀山庄，因该园无水源可得，无洼地可利用，故以山石为主题使其突出，固设计中一法。更略引水泉，俾山有生机，岩现活态，苔痕鲜润，草木华滋，宛然若真山水了。

至于用石，明代以至清初园林，崇尚自然，多利用原有地形，略加整理。其所用石，在苏州大体以黄石为主，如拙政园中部二小山及绣绮亭下者。黄石虽无湖石玲珑剔透，然掇石有法，反觉浑成，既无矫揉造作之态，且无累石之险。到清代造园，率皆以湖石叠砌，贪多好奇，每以湖石之多少与一峰之优劣，与他园计较短长。试以怡园而论，购洞庭山三处废园之石累积而成，一峰一石，自有上选，即其一例。环秀山庄改建于乾隆间，数弓之池，深溪幽壑，势若天成，其竖石运用宋人山水斧劈皴法，再加镶嵌，简洁遒劲。其水则迂回曲折，山石处处滋润，苍岩欣欣欲活，诚为江南园林的杰构。设计者必须胸有丘壑，叠

堂映于水

艺圃

山造石才可挥洒自如。

掇山既须以原有地形为据，而自然之态又变化多端，无一定成法，不过自然的形态，亦有一定的规律可寻。能通乎造化之理，从自然景物加以分析，证以古人作品，评其妍媸，撷其菁华，当可构成最美的典型。奈何苏州所见晚期园林，十九已程序化，从不在整体考虑，每以亭台池馆，妄加拼凑。尤以掇山造石，皆举一峰片石，视之为古董，对花树的衬托、建筑物的调和等，则有所忽略。这是今日园林设计者要引以为鉴的。

中国园林除水石池沼外，建筑物如厅、堂、斋、台、亭、榭、轩、巷、廊等，也是构成园林的主要部分。然江南园林以幽静雅淡为主，故建筑物要轻巧，方始相称，所以在建筑物的地点、平面以及外观上不能不注意。凡园圃立基，"妙先定厅堂景致，在朝南，倘有乔木数株，仅就中庭一二"。江南苏州园林尚守是法，如拙政园远香堂、留园涵碧山房等皆是。至于楼台亭阁的布置，虽无定法，但按基形成，格式随宜，花间隐榭，水际安亭，还是要设计人从整体出发，加以灵活应用。古代讨论造园的书籍如《园冶》《长物志》《工段营造录》等，虽有述及，最后亦指出其不能守为成法的。试以拙政园而论，自高处俯视，建筑物虽然是随宜安排，但是其方向还是直横有序。其外观给人的感觉是轻快为主，平面正方形、长方形、多边形、圆形等皆有，屋顶形式则有歇山、硬山、悬山、攒尖等*，而无庑殿式**。且多用"水戗发戗"***的飞檐起翘，因此飞檐起翘低而外观轻快。檐外玲珑的挂落，柱间微弯的吴王靠****，都能取得一致的效果。建筑物在立面的处理，以留园中部而论，自闻木樨香轩东望，对景主要建筑物是曲溪楼，用歇山顶，其外观在第一层做成仿佛台基的形状，与水相平行的线脚与上层分界，虽系两层，看去不觉其高耸。尤其曲溪楼、西楼、清风池馆三者的位置各有前后，屋顶立面皆在同中寓不同，与下部的立峰水石都很相称。古木一树斜横波上，益增苍古，而墙上的砖框漏窗，上层的窗

---

* 歇山、硬山、悬山、攒尖均为中国传统建筑屋顶的形式。歇山顶，由四个倾斜的屋面和一条正脊、四条垂脊、四条戗脊（垂脊下端岔向四隅之脊）组成的屋顶形式。硬山顶，人字形屋顶，只前后两坡用屋顶，两侧山墙与屋面齐平。悬山顶，人字形屋顶之一，屋面两侧伸出山墙之外。攒尖，尖锥形屋顶，随建筑平面形状有方、圆或正多边形等样式。

** 庑殿式是中国传统建筑屋顶形式之一，由四个倾斜的屋面、一条正脊和四条斜脊组成，屋角和屋檐向上起翘，屋面略呈弯曲。

*** 水戗发戗就是用石灰与泥等做成的假起翘。

**** 吴王靠指一种庄重的柱式，柱形微弯，颇具曲线美。

明瑟楼飞檐　　留　园

台与墙面虚实的对比，疏淡的花影，都是苏州园林特有的手法，倒影水中，其景更美。明瑟楼与涵碧山房相邻，前者为卷棚歇山，后者为卷棚硬山，然两者相连，不能不用变通的办法。明瑟楼歇山山面仅作一面，另一面用垂脊，不但不觉得其难看，反觉生动有变化。他如畅园因基地较狭长，中为水池，水榭无法安排，卒用单面歇山，实同出一法。西部舒啸亭、至乐亭，前者小而不见玲珑，后者屋顶虽多变化，亦觉过重，都是比例上的缺陷。江南苏州筑亭，晚近香山匠师每将屋顶提得过高，但柱身又细，整个外观未必真美。反视明代遗构艺圃，屋顶略低，较之平稳得多。总之单体建筑，必然要考虑到全园的整个关系才是。至于平面变化，虽洞房曲户，亦必做到曲处有通，实处有疏。小型轩馆，一间、两间或两间半均可，皆视基地，位置得当。如拙政园海棠春坞，面阔两间，一大一小，宾主分明。留园揖峰轩，面阔两间半，而尤妙于半间。建筑物的高下得势，左右呼应，虚实对比，在在都须留意。苏州程氏园虽小，书房部分自成一区，极为幽静。其装修与铁瓶巷住宅东西花厅、顾宅花厅、网师园、西百花巷程氏园、大石巷吴宅花厅等，都是苏州园林中之上选。怡园旧装修几不存，而旱船为江南一带之尤者，所遗装修极精。

园林游廊为园林中的脉络，在园林建筑中处极重要地位。今日苏州园林中常见者为复廊，廊系两面游廊中隔以粉墙，间以漏窗，使墙内外皆可行走。此种廊大都用于不封闭的园林，如沧浪亭的沿河。或一园中须加以间隔，使空间扩大，并使入门有所过渡，如怡园的复廊，便是一例，此廊显然仿自沧浪亭。游廊还可阻朔风与西向阳光，阳光通过廊上漏窗，其图案更觉玲珑剔透。游廊有陆上、水上之分，又有曲廊、直廊之别。造廊忌平直生硬，但过分求曲，亦觉生硬勉强，网师园及拙政园西部水廊小榭，下部用镂空之砖，似为较胜。拙政园旧时柳荫路曲，临水一面栏杆用木制，另一面上安吴王靠，是有道理的。水廊佳者，如拙政园西部的，不但有极佳的曲折，并有适当的坡度，诚如《园冶》所云的"浮廊可渡"，允称佳构。尤其可取的就是曲处湖石芭蕉，配以小榭，更觉有变化。爬山游廊，在苏州园林中的狮子林、留园、拙政园，仅点缀一二，大都用于园林边墙部分。设计此种廊时，应注意到坡度与山的高度问题，运用不当，顿成头重脚轻，上下不协调。在地形狭宽不同的情况下，可运用一面坡，或一面坡与两面坡并用，如留园西部爬山廊。曲廊的曲处是留虚的好办法，随便点缀一些竹石、芭蕉，都是极妙的小景。李斗[*]云："板上甃砖谓之响廊，随势曲折谓之游廊……入竹为竹廊，近水为水廊。花间偶出数尖，池北时来一角，或依悬崖，故作危槛，或跨红板，下可通舟，递迢于楼台亭榭之间，而轻好过之。廊贵有栏，廊之有栏，如美人服半臂，腰为之细。其上置板为飞来椅，亦名美人靠，其中广者为轩。"言之尤详，可资参考。今日更有廊外植芭蕉，呼为蕉廊，植柳呼为柳廊，夏日人行其间，更觉翠色侵衣，溽暑全消。冬日则阳光射入，温和可喜，用意至善。而古时以廊悬画称画廊，今日壁间嵌诗条石，都是极好的应用。

园林中水面之有桥，正如陆路之有廊，重要可知。苏州园林习见之桥，一种为梁式石桥，可分直桥、九曲桥、五曲桥、三曲桥、弧形桥等，其位置有高于水面与岸相平的，有低于两岸浮于水面的。以时代而论，后者似较旧，苏州艺圃、怡园，无锡寄畅园及常熟诸园所见的，都是如此。它所表现的效果有二：第一，桥与水平，则游者凌波而过，水益显汪洋，桥更觉其危了；第二，桥低则山石建筑愈形高峻，与丘壑高楼自然成强烈对比。无锡寄畅园假

---

山用平冈，其后以惠山为借景，冈下幽谷间施以梁式桥，诚能发挥明代园林设计之高度技术。今日梁式桥往往不照顾地形，不考虑本身大小，随便安置，实属非当。尤其栏杆之高度、形式，都要与全桥及环境作一番研究才是。上选者，如艺圃小桥、拙政园倚虹桥都是。拙政园中部的三曲五曲之桥，栏杆比例还好，可惜桥本身略高一些。待霜亭与雪香云蔚亭二小山之间石桥，仅搁一石板，不施栏杆，极尽自然质朴之意，亦佳构。另一种为小型环洞桥，狮子林、网师园都有。以此二桥而论，前者不及后者为佳，因环洞桥不适宜建于水中部，水面既小，用环洞桥中阻，遂显庞大质实，无空灵之感。网师园之环洞桥建于东部水尽头，桥本身又小，从西东望，辽阔的水面中倒影玲珑，反之，自桥西望，亭台映水，用意相同。至于小溪，《园冶》所云"点其步石"的办法，尤能与自然相契合，实远胜架桥其上。可是此法，今日差不多已成绝响了。

《清闲供》云："门内有径，径欲曲。""室旁有路，路欲分。"园林的路，今日我们在苏州园林所见，还能如此。拙政园中部道路，犹守明时旧规，从原来地形出发，加以变化，主次分明，曲折有度。环秀山庄面积小，小路不能不略作迂盘，但亦能恰到好处，有引人入胜之慨。然狮子

沧浪亭及步碕廊，登高临渊

100

拙政园

枫叶掩映石板桥

林中道路，却故作曲折，悖自然之理，使人莫知所从。

铺地，在园林建设中亦是一件重要的工作，不论庭前、曲径、主路，皆须极慎重考虑。今日苏州园林所见，有侧砖铺于主路，施工简单，拼凑图案自由。碎石地，用碎石侧铺，可用于主路、小径、庭前，上面间有用缸片点缀一些图案。或缸片侧铺，间以瓷片，用法同前。鹅子地或鹅子间加瓷片拼凑成各种图案，称"花界"，比上述的要细致雅洁得多。冰裂地则用于庭前，其结构有二：其一即冰纹石块平置地面，如拙政园远香堂前的，颇饶自然之趣，然亦有不平稳的流弊；其二则冰纹石交接处皆对卯拼成，施工难而坚固，如留园涵碧山房前，极为工整。至于庭前踏跺用天然石叠，如拙政园远香堂及留园五峰仙馆前的，皆饶野趣。

园林的墙，有乱石墙、磨砖墙、漏砖墙、白粉墙等数种。苏州今日所见，以白粉墙为最多，外墙有在顶部开漏窗的，内墙间开漏窗及砖框的，所谓粉墙花影，为人乐道。磨砖墙，园内仅建筑物上酌用之，园门十之八九贴以水磨砖砌成图案，如拙政园大门。乱石墙只见于墙的下半部裙肩处。西园以水花墙区分水面，亦别具一格。

对联和匾额为中国园林中不可少的一件重要点缀品。

苏州又为人文荟萃之区，当时园林建造亦有文人画家参与，因此山林岩壑，一亭一榭，莫不用极典雅美丽的辞句来形容，使游者入其地，览景生情，这些辞句就是这个环境中最恰当的文字描述。例如，拙政园的远香堂和留听阁，同样是一个赏荷花的地方，前者出自北宋周敦颐"香远益清"句，后者出自唐李商隐"留得残荷听雨声"句。留园的闻木樨香轩、拙政园的海棠春坞，是根据所种的树木来命名的。游者至此，当能体味出许多文学中的境界，这不能不说是中国园林的一个特色。苏州诸园皆有好的题辞，而怡园诸联集宋词，更能曲尽其意。至于题匾用料，因防园林风大，故十之八九用银杏木阴刻，填以石绿；或用木阴刻后髹漆敷色，色彩都用冷色。亦有用砖刻的，雅洁可爱。字体以篆隶行书为多，罕用正楷，取其古朴自然，与园中景配合方妙。

园林植树，其重要不待细述。苏州园林常见的树种，如拙政园，大树植榆、枫、杨等。留园中部多银杏，西部则漫山枫树。怡园面积小，故植以桂、松及白皮松，尤以白皮松树虽小而姿态古拙，在小园中最显姿态。他则杂以松、梅、棕树、黄杨等生长较为迟缓的树种。其次，园小垣高，阴地多而阳地少，于是墙阴必植耐寒植物，如女贞、

秋来枫叶红

留 园

棕树、竹之类。岩壑必植松、柏之类乔木。阶下石隙之中，植长绿阴性草类。全园中常绿植物多于落叶植物，则四季咸青，不致秋冬髡秃无物了。至于乔木，若枫、杨、朴、榆、槐、柠、枫等，每年修枝，使其姿态古拙入画。此种树的根部甚美，尤以榆树及枫、杨，树龄愈老，身空皮留，老干抽条，葱翠如画境。今日苏州园林中之山巅栽树，大致有两种情况：第一类，山巅山麓只植大树，而虚其根部，使可欣赏其根部与山石之美，如留园与拙政园的一部分；第二类，山巅山麓树木皆出丛竹或灌木之上，山石并攀以藤萝，使望去有深郁之感，如沧浪亭和拙政园的一部分。前者得倪瓒*飘逸画意，后者有沈周**沉郁之风。至于滨河低卑之地，则种柳、栽竹、植芦，墙阴栽爬山虎、修竹、天竹、秋海棠等，叶翠、花冷、实鲜，高洁耐赏。

园林栽花与树木同一原则。背阴且能略受阳光之地，栽植桂花、山茶之类。此二者开花一在秋，一在春初，都是群花未放之时。而姿态亦佳，掩映于奇石之间，冷隽异

---

* 倪瓒（1301—1374），元朝大画家，擅画水墨山水，自谓"逸笔草草，不求形似""聊写胸中逸气"。其"简中寓繁，似嫩实苍"的画风，对造园颇多启发。

** 沈周（1427—1509），明朝画家，擅画山水，取景江南山川和园林景物，其画多具园林意境。

常。紫藤则入春后，一架绿荫，满树繁花，望之若珠光宝露。牡丹之作台，衬以纹石栏杆，实因牡丹宜高地向阳，兼以其花华丽，故不得不如此。其他若玉兰、海棠、牡丹、桂花等同栽庭前，谐音为"玉堂富贵"，当然命意已不适于今日，但在开花的季节与花彩的安排上，前人不无道理的。桃李宜植林，适于远眺，此在苏州，仅范围大的如留园、拙政园可以酌用之。

植物的布置，在苏州园林中有两个原则：第一，用同一种树植之成林，如怡园听涛处植松，留园西部植枫，闻木樨香轩前植桂。但又必须考虑到高低疏密及与环境的关系。第二，用多种树同植，其配置如作画构图一样，更要注意树的方向及地势高低是否适宜于多种树性，树叶色彩的调和对比，长绿树与落叶树的多少，开花季节的先后，树叶形态，树的姿势，树与石的关系。必须要做到片山多致，寸石生情，二者间是一个有机的联系才是。更需注意它与建筑物的式样、颜色的衬托，是否已做到"好花须映好楼台"的效果。水中植荷，似不宜多。荷多必减少水的面积，楼台缺少倒影，宜略点缀一二，亭亭玉立，摇曳生姿，隔水宛在水中央。据云昆山顾氏园藕植于池中石板底，石板仅凿数洞，俾不使其自由繁殖。又有池底置缸，植荷其内，用意相同。

江南园林在装修、选石、陈列上极为讲究，而用色则以雅淡为主。它与北方皇家园林的金碧辉煌，适成对比。江南住宅建筑所施色彩，在梁枋柱头皆用栗色，挂落用墨绿，有时柱头用黑色退光，都是一些暗色调，与白色墙面起了强烈的对比，而花影扶疏，又适当地调和了颜色的对比。且苏州园林皆与住宅相连，为养性读书之所，更应以清静为主。南宗山水画*，水墨浅绛，略施淡彩，秀逸天成，早已印在士大夫及文人画家的脑海中。在这种影响下设计出来的园林，当然不会用重彩贴金了。加以江南炎热，朱红等暖色亦在所非宜。这样，园林的轻巧外观，秀茂的花木，玲珑的山石，柔媚的流水和灰白的江南天色，都能相配合调和，予人的感觉是淡雅幽静。

中国园林还有一个特色，就是不论风雨晦明，在各种环境下，都能景色咸宜，予人不同的美感。如夏日的蕉廊、荷池，冬日的梅影、雪月，春日的繁花、丽日，秋日的红蓼、芦塘，虽四时之景不同，而景物无不适人。故有松风听涛、

---

* 唐代中国山水画开始盛行，有李思训父子着色山水及王维的写意、渲染两种画风。至明代董其昌始议分南北二大宗派之说，并对南宗水墨写意推崇备至。

雨帘

艺圃

菰蒲闻雨、月移花影、雾失楼台等景致。造景来达到这些效果，主要在于设计者有高度的文学艺术修养，使理想中的境界付之实现。如对花影要考虑到粉墙，听风要考虑到松，听雨要考虑到荷叶，月色要考虑到柳梢，斜阳要考虑到梅竹等，安排一石一木，都寄托了丰富的情感，使得处处有情，面面生意，含蓄曲折，余味不尽。

# 园史偶拾

苏州留园为明清江南名园之一，现在又列为全国重点文物，是大家所熟悉的。它的历史都知道原为明代徐泰时（冏卿）的东园，清嘉庆间为刘恕（蓉峰）所得，以园中多白皮松，故名寒碧山庄。刘爱石成癖，重修此园，其中的"十二峰"为园中特色。同光间为盛康购得，易名留园。其中假山的真正设计与建造者究为何人，从明代以来一直被埋没了。如今我来介绍一下这园的叠山师——周秉忠。

明代《袁中郎游记》上说："徐冏卿园（即今留园）在阊门外下塘，宏丽轩举，前楼后厅，皆可醉客。石屏为周生时臣所堆，高三丈，阔可二十丈，玲珑峭削，如一幅山水横披画，了无断续痕迹，真妙手也。堂侧有土垄甚高，多古木。垄上太湖石一座，名瑞云峰，高三丈余，妍巧甲

可亭与假山

留园

于江南。相传为朱勔所凿，才移舟中，石盘忽沉湖底，觅之不得，遂未果行。后为乌程董氏购去，载至中流，船亦覆没，董氏乃破赀募善没者取之，须臾忽得其盘，石亦浮水而出，今遂为徐氏有。"（并见《桐桥倚棹录》）这段记载除指出假山作者外，并可说明今日留园中部及西部的假山，尚存当日规模，可与王学浩《寒碧山庄十二峰图》互相参证。唯这太湖石"瑞云峰"已移至城内旧苏州织造府中。

江进之《后乐堂记》："太仆卿渔浦徐公解组归田，治别业金阊门外二里许，不佞游览其中，顾而乐之，题其堂曰'后乐'，盖取文正公记岳阳楼义云。堂之前为楼三楹，登高骋望，灵岩、天平诸山，若远若近，若起若伏，献奇耸秀，苍翠可掬。楼之下，北向左右隅，各植牡丹、芍药数十本，五色相间，花开如绣。其中为堂，凡三楹，环以周廊，堂墀迤右为径一道。相去步许，植野梅一林，总计若干株。径转仄而东，地高出前堂三尺许，里之巧人周丹泉，为叠怪石作普陀、天台诸峰峦状。石上植红梅数十株，或穿石出，或倚石立，岩树相得，势若拱遇。其中为亭一座，步自亭下，由径右转，有池盈二亩，清涟湛人，可鉴须发，池上为堤长数丈，植红杏百株，间以垂杨，春来丹脸翠眉，绰约交映。堤尽为亭一座，杂植紫薇、木樨、芙蓉、木兰诸奇卉。亭之阳修竹一丛，其地高于亭五尺许，结茅其上，徐公顾不佞曰：'此余所构逃禅庵也。'"案徐树丕《识小录·四》："余家世居阊关外之下塘，甲第连云，大抵皆徐氏有也。年来式微，十去七八……"徐氏在阊门占有东园（今留园）、西园、紫芝园等，颜堂曰"后乐堂"。尤为难得者，知后乐堂叠山即东园者同出周秉忠（丹泉，时臣）之手。紫芝园王百穀有记，记中未言后乐堂。江进之，名盈科，楚之桃源人，明万历间为长洲（今苏州）令，工文。袁小修为作《江进之传》。

按《吴县志》所载，韩是升《小林屋记》云："按郡邑志……台榭池石皆周丹泉布画。丹泉名秉忠，字时臣，精绘事，洵非凡手云。"小林屋即今日苏州现存园林之一的惠荫园（洽隐园），在南显子巷，其中水假山委婉曲折，为国内的罕例。又据明末徐树丕《识小录》："丹泉名时臣……其造作窑器及一切铜漆物件，皆能逼真，而妆塑尤精……究心内养，其运气闭息，使腹如铁。年九十三而终。"可见他除工叠山外，又是画家与工艺家。依上面的两段记载而论，他生活的年代，当是明末的大部分时期了。同时惠荫园水假山堆叠时代亦可确定了。周秉忠的儿子"一泉名廷策，即时臣之子，茹素，画观音，工叠石。

太平时江南大家延之作假山，每日束脩（工资）一金……年逾七十，反先其父而终"（见《识小录·四》），是一个继承他父亲技术的叠山师，从"反先其父而终"一语来看，周秉忠的一些作品，必然有许多是他们父子二人合作的结晶了。

苏州怡园，建于清末，景多幽雅，名驰江南，园主顾文彬（子山）在建园前，曾购留园，旋让盛氏。其时顾在浙江宁绍道台任上，园的规划皆出其子顾承（乐泉）之手。顾承是画家，设计的很多方面与画友研讨而成。当时画家如吴县人王云（石芗）、范印泉、顾沄（若波）及嘉定人程庭鹭等人，都参与了设计工作。藕香榭重建出姚承祖之手。龚锦如，吴县胥口人，世代叠石，曾参与后期怡园山石堆叠，同时亦为狮子林重修假山。相传经营是园的时候，每堆一石，构一亭，顾承必拟出稿本与他父亲商榷，顾的曾孙公硕先生说，这些往来书信尚存其家。怡园联对，刻本今不存，皆顾文彬自集宋词，由当时书家分写，原作今藏苏州博物馆。这些当不失为研究园林的好资料。

吴绍箕《四梦汇谈》卷二《游梦倦谈·伪王宫》："……

由此又踏瓦砾数重，为伪花园，有台，有亭，有桥，有池，皆散漫无结构。过桥为假山，山中结小屋，横铺木板六七层，进者须蛇行，不能坐立。"此殆即南京太平天国天王府花园。其山中结小屋，颇似扬州片石山房及苏州环秀山庄者，知其有所自也。

苏州西百花巷潘宅（后属程姓）园中，有一海棠亭（今移至环秀山庄），其建筑结构形式是国内唯一孤例，是件珍贵文物。亭式如海棠，柱、枋、装修等皆以海棠为基本构图。过去东西两门都能自行开阖，有人入亭，距门一步余，门即豁然洞开，入门即悠然自合，不需人力，出门也自行开闭。后因机件损坏，竟无人能修（见《吴县志》）。《哲匠录》曾引《吴县志》的记载，指出建亭人为一清代佚名工匠某甲，但未指出亭之所在地点。不久前我访问了苏州香山老工人贾林祥同志，据他说，该亭为清康熙间香山人徐振明所建。徐为康熙间名匠，苏州马医科巷申文定公牌楼（今移北寺塔前）之修理亦出其手。据说他建造这亭，没有完工，尚缺挂落、吴王靠（前者是檐下的装饰，后者是亭四周上的坐椅）等部分构件。徐为人有正义感，不肯屈身服侍统治阶级，生活寒苦，晚年潦倒，近六十岁时病死街头。他的悲惨遭遇，仅是旧社会罪恶统治下的许许多多民间工匠艺人中间的一例而已，应当把这些事例列入苏州园林史料之中。

北京颐和园的假山，从未有人谈其作者。耿君刘同告我，颐和园史料中有此一则："乾隆十五年（1750）、十六年（1751），口谕内务府造办处朱维胜叠清漪园（颐和园前身）乐安和假山。乾隆十五、十六年上谕杨万青通晓园庭事务，主管清漪园工程，授郎中，后又撤职。"诚为研究颐和园及我国叠山史的重要资料。

如皋汪氏文园，凤负盛名，然毁已久，莫能明其结构之精。案清钱泳所著《履园丛话》卷二十："如皋汪春田（为霖）观察，少孤，承母夫人之训，年十六以资为户部郎。随高宗出围，以校射得花翎，累官广西、山东观察使。告养在籍者二十余年，所居文园，有溪南、溪北两所，一桥可通。饮酒赋诗，殆无虚日。"春田《重葺文园诗》："换却花篱补石栏，改园更比改诗难。果能字字吟来稳，小有亭台亦耐看。"可证当日经营用力之专，宜其巧具匠心也。1962年春，余拟作文园遗址之勘查，奈阻雪泰州，兴废而返。路君秉杰得《如皋汪氏文园绿净园图咏》印本，其偿我昔愿之未果耶？

姚祖诏跋两园图云："案《如皋县志》，文园在治东丰利镇，镇人汪之珩筑，绿净园，在文园北，其子为霖筑。然观其孙承镛两园记，则文园在雍正初为之珩乃父澹庵所辟课子读书堂，即澹庵课之珩处也。绿净园后于文园六十年，为霖以事母及觞咏之所，初欲通两园为一，而终尼于忌者。之珩好学不仕，网罗乡献，辑《东皋诗存》四十八卷。……谓文园为之珩所筑或以此而致误也。为霖官至山东督粮道，亦尝与东南名流相往还，而绿净之名不逮文园远甚。承镛当道光间，既自作记，复梓季耘（标）所绘图，以咏先迹。时文园已荒废莫治，绿净亦风雅消歇。"钱泳于"道光壬午（二年，即 1822）三月……绕道访文园，时观察（汪春田）年正六十，发须皓然矣"（《履园丛话》卷二十）。

此园为戈裕良所重修者（据《履园丛话》卷十二），景中小山水阁溪泉作瀑布状，自上而下曲折三叠，洵画本也，直拟之园中，今南北所存诸园无此佳例。无锡寄畅园之八音涧，修理中未按原状，已失旧观矣。石矶堆叠自然，亦属佳构。

118

仪征朴园亦戈裕良所构筑。园主巴君朴园、宿崖兄弟，凡费白金二十余万两，五年始成。园甚宽广，梅萼千株，幽花满砌。其牡丹厅最轩敞。假山形式"有黄石山一座，可以望远，隔江诸山历历可数，掩映于松楸野戍之间。而湖石数峰，洞壑宛转，较吴阊之狮子林尤有过之，实淮南第一名园也"。钱泳推崇如此，见《履园丛话》卷二十。此园之假山乃兼黄石、湖石二者之长，高山以黄石，洞曲以湖石，各尽其性能也。至于借景隔江，亦效扬州平山堂之意。园在仪征东南三十里。

龚自珍谓巴姓为徽州大族，迁扬州者多以业盐致富。今扬州尚存巴总门之大住宅。


南京瞻园重修于 1939 年，石工为王君涌。杨寿楣《记石工王君涌》："王君涌，金陵人，居城西凤台巷。业莳花卉，而尤工叠假山。己卯（1939）冬，余承乏宣房，葺瞻园为行馆。园故徐中山王邸第，石素擅称，自后之修者，位置错乱，顿失旧观，又经丁丑（1937）事变，欹侧倾颓，危险益甚，乃招君涌为整治之。君涌老于事，举所谓三宜五忌者，言之成理，累然如数家珍。故凡峰壑屏障，一经其

119

手，辄嶙峋育篠，几令人有山阴道上应接不暇之观。盖虽食力小民，固胸有丘壑，兼于重量配置，别具特识，有隐合近代科学之原理者。问其年，六十年有四，且有子子兴，能世其业矣……"

"梓人武龙台，长瘦多力，随园亭榭，率成其手。癸酉（1753）七月十一日病卒。素无家也，收者寂然。余为棺殓，瘗园之西偏。"（见袁枚《小仓山房诗集》卷九《瘗梓人诗》小序）此为随园建造者之一，幸传焉。

《泾林续记》载："世蕃于分宜藏银，亦如京邸式，而深广倍之。复积土高丈许，遍布桩木，市太湖石，累累成山，空处尽栽花木，毫无罅隙可乘，不啻万万而已。"世蕃为明严嵩子，江西分宜人，其京邸窖藏为深一丈五尺。此亦假山之别例也。

120

# 中国的园林艺术与美学 <sup>*</sup>

　　诸位都是搞美学的，我是搞建筑和园林的。当然建筑、园林也涉及美学，同美学的关系很深。但毕竟建筑、园林还是一个单独的学科。所以我只能从园林的角度，从建筑的角度，把自己学到的一点东西，提出来向诸位讨教，同诸位讨论，可能会讲许多门外汉的话，我是抱着学习的态度来的，我想大家是会原谅我的。

　　我今天只谈风月，与君约略话园林。

　　自从旅游事业兴起以来，世界上不少国家都在掀起一阵中国园林热。前年我去美国纽约搞了一个中国园林，那边就对我国园林推崇备至，影响很大。

＊　本文系 1981 年 11 月作者在全国高校美学教师进修班的讲演记录。

现在大家都晓得中国园林好，漂亮。到底好在哪里？为什么漂亮？这个问题同美学关系很大。过去大家讲中国园林有诗情画意，一到花园就要想作诗画画。这诗情画意是怎么出来的呢？这同美学有关系，同情感有关系。过去我国有句话说"私订终身后花园，落难公子中状元"。为什么在后花园私订终身？为什么不在大门口私定终身？花园里有诗情画意，私订终身，内因是根据，外因是条件，有这个条件就促进了他们的爱情。所以园林里有诗情画意。

对于中国人欣赏美的观点，我们只要稍微探讨一下，就不难看出，无论我们的文学、戏剧，我们的古典园林，都是重情感的抒发，突出一个"情"字。所以"私订终身后花园，落难公子中状元"，他们就在这个花园里有了情。中国人讲道义，讲感情，讲义气，这都同情有关系。文学艺术如果脱离了感情的话，就很难谈了。中国人以感情悟物，进而达到人格化。比如以园林里的石峰来说，中国园林里堆石峰，有的叫美人峰，有的叫狮子峰、五老峰，有各种名称。其实它像不像狮子呢？并不像。像美人吗？也并不像。还讲它像什么五老，更不像。但为什么会有这么多名称？这是感情悟物，使狮子、石头达到人格化。欣赏的是它们的品格。而国外花园中的雕塑搞得很像很像，这就是各个国家、各个民族的审美习惯不同。中国人看东西、欣赏艺术往往带有自己的感情，要加入人的因素。比如，中国的花园建造有大量的建筑物。有廊柱、花厅、水榭、亭子等。我们知道一个园林里有建筑物，它就有了生活。有生活才有情感，有了情感，它才有诗情画意。"芳草有情，斜阳无语，雁横南浦，人倚西楼。"这里最关键是后面那句"人倚西楼"。有楼就有人，有人就有情。有了人，景就同情发生关系。所以中国园林以建筑为主，是有它的道理的。原始森林是好看的，大自然风光是好看的，但大自然给人的美同人为的美在感情上就有区别。为什么过去中国造花园，必先造一个花厅？花厅可以接客，有了花厅以后，再围绕花厅造景，凿池栽树，堆叠假山。所以中国的风景区必然要点缀建筑物，以便于游览者的行脚。比如泰山就有个十八盘。登泰山开始，先要游岱庙，到了泰山脚，还有一个岱宗坊，过了岱宗坊还有大红门，再到中天门，中天门上去才到南天门。在这个风景区也盖了大量的建筑物。这样步步加深，步步有景。所以中国的园林和风景区，同建筑有着极为密切的关系。从美学观点看就是同人发生关系，同生活发生关系，同人的感情发生关系。

中国的园林，它的诗情画意的产生，是中国园林美的

卅六鸳鸯馆

拙政园

124

小小厅堂

网师园

125

反映。我个人有这么个观点：它同文学、戏剧、书画，是同一种感情不同形式的表现。比方说，明末清初的园林，同晚明的文学、书画、戏剧，是同一种思想感情，只是表现的形式不同。明末的计成，他既是园林家，也是画家。清朝的李渔也是园林家，又是一个戏剧家。中国文化是个大宝库，从这个宝库中可以产生出很多很多不同的学问来。而中国文化又不是孤立的，它们互相联系，互相感染。可以说中国园林是建筑、文学艺术等的综合体。

中国园林叫"构园"，着重在"构"。有了"构"以后，就有了思想，就有了境界。"构"就牵涉到美学，所以构思很重要。中国好的园林就有构思，就有境界。王国维在《人间词话》中说，词要有境界，晏几道有晏几道的境界，李清照有李清照的境界。所以我就提出八个字："园以景胜，景因园异。"许多外国人来我国旅游，中国导游人员讲花园，讲不出境界。外国人看这个花园有景在里头，那个花园也有景在里头，有什么不同？导游人员就讲不出，他不懂得"园以景胜，景因园异"。我们造园林有一条，就是同中求异。同中求不同，不同中求同，即所谓"有法而无式"。"法"是有的，但是"式"却没有，没有硬性规定。我们有许多人造园，不是我讲笑话，就好像庸医，凡是发烧就用一个方子。如果烧不退，另外的方子就拿不出来，这就说明他没有理论上的武装。有了园林的理论再去学习园林设计，那个园林才是好的。最近同济大学修了个花园，我回来一看就批评起来。我问："是哪个人叫你搞的？你把你造这个花园的理论讲出来,讲出来我服。好！你讲不过我就拆。为什么造这个建筑，为什么种那株树，你说服不了人，说明你没有一个理论。"我们有些风景区所以搞不好，就是这个原因。最近我到泰山去，泰山要造缆车。我说泰山是什么山？泰山是国家统一、民族团结的象征。是我们国家的山，民族的山，是风景区，是个国宝。你在那里搞个缆车，在原则上讲不通。我们知道，外国在旅游上有一条，叫旅游关系问题。一个是旅，一个是游。旅要快，游要慢。旅游是有快有慢。就好像我们在外头吃中饭一样，在国内吃饭，是等的时候多，吃的时候少。而在外国是吃的时间长，等的时候少。外国旅游也是旅的时间少，游的时间多。我们现在呢？泰山装上缆车，一下子就到泰山顶上，那么还游什么？我们是登山唯恐不高，入山唯恐不深。你这个缆车一装以后，泰山就不高了，根本违反旅游原则。另一方面，人家一游就跑了，我们还有什么生意买卖可做呢？这叫愚蠢之极。日本的富士山是他们的国宝，他们就不造缆车。日本人到中国来做生意，要造缆车，他们门槛很精。如果我们在泰山装缆车就上当了，就得不偿失。你们造缆车，就等于从上海到北京，坐上飞机一下子就到了，还搞什么旅游？

中国园林，各园都有不同的特点，不同的指导思想。做事情没有一个指导思想，就不能将事办好。比如上海最近有股风，搞绿化都喜欢在围墙边种水杉。好啊！围墙是为了防盗，墙里种水杉正好方便了小偷。古园靠墙，只种芭蕉不种树，就是这个道理。所以中国造花园，首先要立意。任何东西不立意不成。立意之后就要考虑如何得体。立意与得体两件事是联系起来的。造园也要讲究得体。大花园有大花园的样子，小花园有小花园的样子。苏州的狮子林，贝聿铭建筑大师去，他看了觉得不舒服，说这个花园是哪个修的？我说，你家的那个账房先生请来一些宁波匠人，宁波匠人造苏州花园，搞了一些大的亭子，大的桥，风格就不对，园林小而东西塞得多，这就不得体。苏州网师园有什么好？就是它得体，它园林小，亭子也造得小，廊子也造得小，看上去就很相称。现在有的男青年，穿得花枝招展，你讲他不好，他觉得蛮漂亮，你讲他好吧，实在不高明。齐白石老先生曾画过一只雄鸡，上面题了十个字："羽毛自丰满，被人唤作鸡。"用来讽刺他们，讥笑得很得体。有些人盲目学外国人，男的留长发，也不得体。理得短一点英俊一些有什么不好呢？所以，处事要因事制宜，造园要因地制宜。

园林的立意，首先考虑一个"观"字。我曾经提出过"观"，有静观，有动观。什么叫动观？动与静，是相对的，世界上没有相对论，便没有辩证法，就不成其为世界。怎样确定这个园子以静态为主呢？或者以动观为主呢？这和园林的大小有关系。小园以静观为主，动观为辅。大园以动观为主，静观为辅。这是辩证法，园林里面的辩证法最多。这样一来得到什么结论呢？小园不觉其小，大园不觉其大，小园不觉其狭，大园不觉其旷，所以动观、静观有其密切关系。我们现在的画，展览会里的大幅画，是动观的画。这种大画挂到书房里，那就不得体了，书房画要耐看，宜静观。

动观、静观这个原则要互相结合。要达到"奴役风月，左右游人"。什么叫"奴役风月"呢？就是我这个地方要它月亮来，就掘个水池，要它风来，就建个敞口的亭廊，这样风月就归我处置了。"左右游人"，就是说设计好要他就座，他就坐，要他停就停，要他跑就跑。说句笑话："叫他立正不稍息，叫他朝东不朝西，叫他吃干不吃稀。"这就涉及心理学，涉及美学。要这样做，就要"引景"。杭州西湖，有两个塔，一个保俶塔在北山，一个雷峰塔在南山，后来雷峰塔塌了，所有的游人，全部往北部孤山、保俶塔去了。后来我提出，"雷峰塔圮后（即倒了），南山之景全虚"。南山风景没有了。这就是说没有一座建筑去"引"他了。所以说西湖只有半个西湖。北面西湖有游人，南面西湖没有游人。我建议重建雷峰塔，以雷峰塔作引景，把人引过去。园林要有"引景"把他"引"过去。所以，山峰上造个亭子，游客就会往上爬。"引景"之外呢，还有"点景"。景一点，这样景就"显"了。所以，你看，西湖的北山，保俶塔一点以后，北山就"显"出来了。同样颐和园的佛香阁一点以后，万寿山也就"显"出来了。不懂得"引景"，不晓得"点景"，就不了解园林的画意。还有"借景"，什么叫"借景"呢？"借景"就是把园外的景，组合到园内来。你看颐和园，如果没有外面的玉泉山和西山，这个颐和园就不生色了。它一定要把园外的景物借进来，比方说，一座高房子，旁边隔壁有花园，透过窗户，人家的花园就同自己花园一样。如果隔壁是工厂，就觉得不舒服，所以我们现在要讲环境美，这也要"借景"。还有呢，是"对景"，使这个景同那个景相映成趣。比如说今天讲课，我同诸位的关系，就是对景关系。园林讲对景，处世讲态度，"态度"也是对景，现在外面有些"小师傅"，好像"还他少，欠他多"，对景真不舒服。

动观、静观、点景、引景、对景，总的还在于"因地制宜"。"因地制宜"也是个辩证法，就是根据客观的条件来巧妙安排，比如说：园林的凹地就因它的低，挖成池子，那面的高地，就再增加其高度堆积假山。这叫作因地制宜。我们造园，就要因地而造成山麓园、平地园、市园、郊园……山麓建的园，就要按山麓的地形来造园。

陕西骊山有个华清池，是杨贵妃洗澡的地方，它应该按山麓园布置高低。可是搞设计的那位大先生，却是法国留学生，他把地全部铲平，用法国图案式的设计，这样就不妥当了。所以说，"因地制宜"是相当重要的设计原则。造园先要懂得这许多原则，而这些原则在美学上是什么理论呢？我个人的看法，就是真，真就是美。不真不美，例如堆山；完全能表现出石纹石质，那才是美的。树木参差也是美。人也如此，讲真话是美，讲假话不美。矫揉造作，两面派，包括建筑上的虚假性装饰，如西郊公园的水泥熊猫，城隍庙池子里搞的水泥鱼，就不美！现在搞水印木刻，唐伯虎的画，齐白石的画，风格几乎一样，毛病就是不真，它不是作者自己的表现，而是雕刻人的手法。我们园林艺术要"虽由人作，宛自天开"。这就是"真"。外国有个建筑师说："最好的建筑是地上生出来的，而不是上面加上去的。"这句话还是深刻中肯的。最好的园林确定哪里造一个亭子，哪里造几间廊子，这应该是天配地适，就是说早已安排好了的。这就是好建筑。最近对大观园争论很多，我讲，你们不要上曹雪芹的当呀！曹雪芹已经讲了，大观园洋洋大观，是夸张之词，对不对？硬拿着曹雪芹《红楼梦》来设计大观园，一设计就要三百亩地呀！所以上次《红楼梦》大观园模型展览会上，我就这么讲："红楼一梦真中假，大观园虚假幻真。欲究当年曹氏笔，莫凭世上说纷纭。"这就是《红楼梦》中大观园真中有假，假中有真。这个花园，有花园之意，无花园之实，它是一个园林艺术的综合品。所以，以虚的东西去求实的，就没意思！园林上的许多问题，不提到美学高度来分析，只停留在一个形式，这就是形式主义。中国园林有中国的美学思想、文学艺术的境界。这个学问是边缘科学，涉及比较多的方面。一般说，我们看花园凡是得体的，都是比较好的花园。凡是矫揉造作的，就不是好花园。归结来归结去，是一个境界的问题。我讲园林有法，而没得式，到底法是什么呢？因地制宜，动观静观，借景对景，引景点景，还有什么对比、均衡等许多手法。这许多手法，怎么具体灵活来运用它，看来是简单，而实际并不简单，说它不简单又简单，这如做和尚一样，有的人终生做和尚，做了一辈子，还没有"悟"道，不是真和尚。这里面有境界高与境界低的问题，园林艺术，对于设计的人来说吧，是水平问题。计成讲过一句话："三分匠，七分主人。"这句话不得了呀！说这是污蔑劳动人民，造个花园主人倒七分，匠人只三分，你站在什么阶级立场上讲话？其实，不是这个意思。他说七分主，是主其事者，我们说主其事，是负责设计的人，匠呢？是工作者。设计人境界高，花园好。一本戏的好坏关键在导演。诸位都是美学老师，都是灵魂工程师，将来全国美不美均寄托在诸位身上。我主张美学要同实际联系起来，不要停留在黑格尔等许多外国的名词上。现在提倡美育，这非常重要，要唤起民众哟！

中国园林艺术很巧妙，它运用了许多美学原理。就拿花木种植来讲，主要是求精，求精之外适当求多。有一次我在上海园林局作报告，对局里的一些书记、主任说，你们向上级汇报，光讲十万、五万株苗木，这不说明问题。

你们连一株小冬青也算一棵，听听数目不得了，实际起不了作用。中国园林的植树，要求精不求多，先要讲姿态好，尤珍爱古树能入画，这才有艺术性，才能有提高。多而滥还不如少而精。中国人看花，看一朵两朵。外国人求多，要十朵几十朵。中国人看花重花品德，外国人重色，中国人重香，这种香也要含蓄。有香而无香，无香而有香，如兰花，香幽。外国人的玫瑰花，香得厉害，刺激性重，这也是不同的欣赏习惯。

园林中，美的亭、台、楼阁，可以入画，丑的也可以入画，如园林中的石峰，有清、丑、顽、拙等各种姿态，经过设计者的精心安排，均可以入画，这里就有"丑""美"的辩证关系。所以说园林艺术与中国古代美学思想、哲学思想有着紧密联系。有人喜欢游新园，这也是不在行。从前扬州人骂盐商，骂得好："入门但闻油漆香。"——新房子；"箱中没有旧衣裳，堂上仕画时人妆。"——假古董。下面一句骂得凶："坟上松柏三尺长。"我们现在有的花园，"入园但闻油漆香，园中树木三尺长"。所以园林还要有历史的经历。它太新也不好。要"适得其中"，这个"中"，在中国美学中很重要。孔老二讲："过犹不及。"不可做过头，要"得体"，"得体"者就是"中"。所以中国园林的好，求精不求滥。比如讲"小有亭台亦耐看","黄茅亭子小楼台，料理溪山却费才"。黄茅亭子，设计得好，也是精品，并不是所有亭子造得金碧辉煌，才是好。"小有亭台亦耐看"，着眼在个"耐"字。所以说要得体，恰如其分。中国园林艺术是以少胜多。外国要几公顷造一花园，中国造园少而精。"少而精"，就是艺术的概括和提炼。中国古代写文章精炼，五言绝句中只二十个字，写得好。现在剧本中为什么一些对白这么长呀！他不是去从古代剧本中吸收精华，所以废话特别多。你去看《玉簪记》，"琴挑"的对白多么好，一个男的在弹琴，弹的是《凤求凰》。女的问他："君方盛年，为何弹此无妻之曲？"回答是"小生实未有妻"，他马上坦白交代。女的接着说："这也不关我事。"好！这三句句子，调情说爱，统统有了。所以"精练"这个手法是我们美学上、文艺理论上一个高度的手法。

园林中还有一个还我自然的问题。怎么叫"还我自然"，我们造花园，就要自然。自然是真，真就是美，我们欣赏风景区，就要欣赏它的自然。当然风景区并不是一个荒山，需要我们人工的点缀，这就涉及美学问题。什么样的风景区，就要加上什么样的建筑，当然包括点景、引景等这许多原则。搞得好，它是烘云托月，把自然的景色烘托得更美。我们要"相地"，要"观势"。从前的风水先生，他也要"观"、要"相"呢。你们知道，中国的名山大部分都有和尚庙，他也要"相地"，也要"选址"。选地点，是有规律的，它是一个综合的研究。你看和尚庙，他选的地方一定有水，有日照，没有风。房子没有造，他先搭茅棚住在这里，住上一年之后，完全调查清楚之后才正式建造的。所以天下名山僧占多。他要生活，又要安静，他就要有一个很好的地点。所以选地非常重要，不但庙的选址，有名的陵墓的选址，也是这样。比如南京的明孝陵，风不管多么大，跑到明孝陵便没有风。了不起啊！跑到中山陵则性命交关，风大得不得了。明孝陵望出去，隔江就是对景，中山陵就没有对景。所以过去好的坟墓，比如北京的十三陵，群山完全是抱起来的，因此选址很重要。

我主张在风景区搞建筑物，宜隐不宜显，宜低不宜高，宜麓不宜顶，宜散不宜聚。要谦虚点嘛，不要搞个大建筑，外国人来，喜欢住你这个高楼大厦么？风景区搞建筑，如果不谦虚，要突出你个人，必然走向反面，搬起石头砸自己的脚，给人家骂。所以风景区搞建筑，先把老的公认为优美的建筑修好，大的错误就不会犯。我在设计的问题上，常常提出要研究历史，要到现场去，不看现址不行。你到了那里以后非得两只脚东南西北走一走，才能了解现场。因此不能割断历史，我们搞美学也不能割断中国的美学历史。不懂中国历史，又不了解今天，你不做历史的研究，不做一个调查，那就要犯错误。拿外国的当成神仙，会出笑话。你不明白中国美学体系，不明白中国美学特征，不明白中国人的思想感情，你拿洋的一套来论证，怎么行？我们要立足于本国，以其他做旁证。他山之石，可以攻玉。我们有中国的美学体系，中国的思想体系，中国之所以不亡，也在于此。所以我提倡要读中国历史，要读中国地理。如果不读中国历史，不读中国地理，将来就有亡国灭种的危险。

中国园林，除了建筑、绿化之外，还同中国的画、同中国的诗结合得很紧。画是纸上的东西，诗是文字上的东西，园林是具体的东西。把中国人的感情在具体的东西上体现出来，这就是中国园林了不起的地方。中国园林有许多是真山的概括，真山的局部，真山的一角。从山的局部能想象出整体，由真实的东西概括出简单的东西，这叫作提炼概括。一株树只看到一枝不看到整体，一个亭子只看到一角不看到整体。所以有"假山看脚，建筑看顶"的说法。此外，还有虚景。虚景就是风花雪月，随时间的转移而景有不同。春有春景，夏有夏景。中国园林是春夏秋冬、晦明风雨都可以游。说来说去就是要从局部见整体。你想要无所不包，结果是一无所包，你越想全就越走向不全。搞中国园林就得懂得这个道理。

除了上面说的以外，园林还要借用其他文学，比如亭子的命题之类，来说明风景好坏。大明湖是"四面荷花三面柳，一城山色半城湖"。这两句题诗就点出了大明湖景致特点。所以园林的题词是点景。现在我真不懂，一个园林挂了很多画，比如上次我去苏州，一间外宾接待室挂了四件东西，一件井冈山，一件南湖，一件延安，一件遵义。你这里是外宾招待所，还是革命纪念馆？还有苏州花园里挂桂林风景画，简直是笑话。园林里还要用什么风景画来烘托？中国园林是综合艺术，中国的园林是从中国文学、中国画中得来的。如果一个园林经不起想象，这个园林就不成功了。一个人到了花园里就会想入非非。想入非非好，应该允许人想入非非，如果不能想入非非，这个人就麻木不仁了。园林要使人觉得游一次不够以后还想来，这个园林就成功了。园林除了讲究一个树木姿态、假山层次、建筑高低之外，还讲究一个雅致问题。雅同审美有关系，同文化有关系。为什么青少年京戏、昆剧不爱看？因为我们的京戏、昆曲节奏慢，而青年人喜欢节奏强烈、刺激的。

雅能养性，使人身处花园连烦恼都没有了。比如苏州网师园，我们游一次要半天，两个小青年五分钟就看完了。我有一次陪外宾，游了半天，他们越看越有味道。有许多东西他们不理解，你一讲他们明白了，也觉得有味道了。真正对这个园林有所理解，才能把握美在哪里，这样导游人员才能像我们老师一样做到循循善诱。

一个园林有一个园林的特征，代表了设计者的思想感情，代表了他的思想境界。园林没有自己的特征，这个园林就搞不好。一所好的花园要用美学观点去苦心经营设计，这里构思很重要，它体现了人的思想感情、思想境界，对游人产生陶冶性情的作用。园林是一个提高文化的地方，陶冶性情的地方，而不是吃喝玩乐的地方。园林是一首活的诗，一幅活的画，是一个活的艺术作品。在杭州西湖，一些小青年穿个喇叭裤，戴副大墨镜爬到菩萨身上去拍照，真是不雅，配上菩萨那副光亮的面孔，有什么好看，这样还有什么资格去旅游。诸位是搞美学的，我不过是提供一些看法，供你们将来作文章，帮助呼吁呼吁。

"游"也是一种艺术，有人会游，有人不会游。我问一些人，你们到苏州，那里的园林好吗？他们说，差不多，倒是天平山爬爬，扎劲来。为什么叫拙政园，他连拙政园三个字都不知道，他不懂得游。游要有层次，比如进网师园，就要一道一道进去看，现在它开了后门，让游人从后门进出，就是不懂这个道理，因为他不了解园林以及古代生活情况、起居情况。

造园难，品园也难，品园之后才能知道它的好处在哪里，坏处在哪里。1958年，苏州修网师园，修好以后，邀我去，一看不行，有些东西搞错了，比如网师园有个简单的道理，这边假山，那边建筑；这边建筑，那边假山，它们位置是交叉的。现在西部修成这一边相对假山，那一边相对建筑，把原来的设计原则搞错了。园林上有许多原则，其实很简单，就是要处理好调配关系。所以能品园才能游园，能游园就能造园。现在造花园像卖拼盘，不像艺术建筑，这就是缺少文化，没有美学修养。

你们是搞美学的，要多写点评论文章，这有好处。比如我们看画，这幅是唐伯虎的，那幅是祝枝山的，要弄清它的"娘家"。任何东西都有个来龙去脉，有个根据。做学问要有所本，搞园林也要有所本。另外，我国古典园林是代表了它那个时代的面貌，时代的精神，时代的文化，这同美学的关系也很大。要全面研究园林艺术，美学工作者的责任也相当重。

# 中国诗文与中国园林艺术

　　中国园林，名之为"文人园"，它是饶有书卷气的园林艺术。前年建成的北京香山饭店，是贝聿铭先生的匠心，因为建筑与园林结合得好，人们称之为"有书卷气的高雅建筑"，我则首先誉之为"雅洁明净，得清新之致"，两者意思是相同的。足证历代谈中国园林总离不了中国诗文。而画呢？也是以南宋的文人画为蓝本，所谓"诗中有画，画中有诗"，归根到底脱不开诗文一事。这就是中国造园的主导思想。

　　南北朝以后，士大夫寄情山水，啸傲烟霞，避嚣烦，寄情赏，既见之于行动，又出之以诗文，园林之筑，应时而生，继以隋唐、两宋、元，直至明清，皆一脉相承。白居易之筑堂庐山，名文传诵；李格非之记洛阳名园，华藻吐纳，故园之筑出于文思，园之存赖文以传，相辅相成，互为促进，园实文，文实园，两者无二致也。

造园看主人，即园林水平高低，反映了园主之文化水平，自来文人画家颇多名园，因立意构思出于诗文。除了园主本身之外，造园必有清客，所谓清客，其类不一，有文人、画家、笛师、曲师、山师等等，他们相互讨论，相机献谋，为主人共商造园。不但如此，在建成以后，文酒之会，畅聚名流，赋诗品园，还有所拆改。明末张南垣，为王时敏造"乐郊园"，改作者再四，于此可知名园之成，非成于一次也。尤其在晚明更为突出，我曾经说过那时的诗文、书画、戏曲，同是一种思想感情，用不同形式表现而已，思想感情主要指的是什么？一般是指士大夫思想，而士大夫可说皆为文人，敏诗善文，擅画能歌，其所造园无不出之同一意识，以雅为其主要表现手法了。园寓诗文，复再藻饰，有额有联，配以园记题咏，园与诗文合而为一。所以每当人进入中国园林，便有诗情画意之感，游者如果文化修养高，必然能吟出几句好诗来，画家也能画上几笔晚明清逸之笔的园景来。这些我想是每一个游者所必然产生的情景，而其产生之由来就是这个道理。

汤显祖所为《牡丹亭》，"游园""拾画"诸折，不仅

五峰仙馆内景，
题出李白诗「庐
山东南五老峰」

留园

143

是戏曲，而且是园林文学，又是教人怎样领会中国园林的精神实质，"遍青山啼红了杜鹃，荼蘼外烟丝醉软"，"朝飞暮卷，云霞翠轩，雨丝风片，烟波画船"。其兴游移情之处真曲尽其妙。是情钟于园，而园必写情也，文以情生，园固相同也。

清代钱泳在《履园丛话》中说："造园如作诗文，必使曲折有法，前后呼应，最忌堆砌，最忌错杂，方称佳构。"一言道破，造园与作诗文无异，从诗文中可悟造园法，而园林又能兴游以成诗文。诗文与造园同样要通过构思，所以我说造园一名构园。这其中还是要能表达意境。中国美学，首重意境，同一意境可以不同形式之艺术手法出之。诗有诗境，词有词境，曲有曲境，画有画境，音乐有音乐境，而造园之高明者，运文学、绘画、音乐诸境，能以山水花木、池馆亭台组合出之，人临其境，有诗有画，各臻其妙。故"虽由人作，宛自天开"，中国园林，能在世界上独树一帜者，实以诗文造园也。

诗文言空灵，造园忌堆砌，故"叶上初阳干宿雨，水面清圆，一一风荷举"。言园景虚胜实，论文学亦极尽空灵。中国园林能于有形之景兴无限之情，反过来又产生不尽之景、觞筹交错、迷离难分、情景交融的中国造园手法。《文心雕龙》所谓"为情而造文"，我说为情而造景。情能生文，亦能生景，其源一也。

诗文兴情以造园，园成则必有书斋、吟馆，名为园林，实作读书吟赏挥毫之所，故苏州网师园有看松读画轩，留园有汲古得绠处，绍兴有青藤书屋等，此有名可征者，还有额虽未名，但实际功能与有额者相同，所以园林雅集、文酒之会，成为中国游园的一种特殊方式。历史上的清代北京怡园与南京随园的雅集盛况后人传为佳话，留下了不少名篇。至于游者漫兴之作，那真太多了。随园以投赠之诗，张贴而成诗廊。

读晚明文学小品，宛如游园，而且有许多文字真不啻造园法也。这些文人往往家有名园，或参与园事，所以从明中叶后直到清初，在这段时间中，文人园可说是最发达，水平也高，名家辈出，计成《园冶》，总结反映了这时期的造园思想与造园法，而文则以典雅骈俪出之，我怀疑其书必经文人润色过，所以非仅仅匠家之书。继起者李渔《一家言·居室器玩部》，亦典雅行文，李本文学戏曲家也。文震亨《长物志》更不用说了，文家是以书画诗文传世的，且家有名园，苏州艺圃至今犹存。至于园林记必出文人之手，抒景绘情，增色泉石。而园中匾额起点景作用，几尽

拙政园　　　昆曲演出

人皆知的了。

中国园林必置顾曲之处，临水池馆则为其地，苏州拙政园卅六鸳鸯馆、网师园濯缨水阁尽人皆知者，当时俞振飞先生与其尊人粟庐老人客张氏补园（补园为今拙政园西部），与吴中曲友，顾曲于此，小演于此，曲与园境合而情契，故俞先生之戏具书卷气，其功力实得之文学与园林深也，其尊人墨迹属题于我，知我解意也。

造园言"得体"，此二字得假借于文学，文贵有体，园亦如是。"得体"二字，行文与构园消息相通，因此我曾以宋词喻苏州诸园：网师园如晏小山词，清新不落套；留园如吴梦窗词，七宝楼台，拆下不成片段；而拙政园中部，空灵处如闲云野鹤去来无踪，则姜白石之流了；沧浪亭有若宋诗，怡园仿佛清词，皆能从其境界中揣摩得之。设造园者无诗文基础，则人之灵感又自何来。文体不能混杂，诗词歌赋各据不同情感而成之，决不能以小令引慢为长歌，何种感情，何种内容，成何种文体，皆有其独立性。故郊园、市园、平地园、小麓园，各有其体，亭台楼阁，安排布局，皆须恰如其分，能做到这一点，起码如做文章一样，不讥为"不成体统"了。

总之，中国园林与中国文学，盘根错节，难分难离，我认为研究中国园林，似应先从中国诗文入手，则必求其本，先究其源，然后有许多问题可迎刃而解，如果就园论园，则所解不深。姑提这样肤浅的看法，希望海内外专家将有所指正以教我也。

# 园林与山水画

　　清初画家恽南田（寿平）曾经说过：“元人园亭小景，只用树石坡池，随意点置，以亭台篱径，映带曲折，天趣萧闲，使人游赏无尽。”这几句话可供研究元代园林作重要参证。所以不知中国画理画论，难以言中国园林。我国园林自元代以后，它与画家的关系，几乎不可分割，倪云林（瓒）的清秘阁便饶有山石之胜，石涛所为的扬州片石山房，至今犹在人间。著名的造园家，几乎皆工绘事，而画名却被园林之名所掩为多。我国的绘画从元代以后，以写意多于写实，以抽象概括出之，重意境与情趣，移天缩地，正我国造园所必备者。言意境，讲韵味，表高洁之情操，求弦外之音韵，两者二而一也。此即我国造园特征所在。简言之，画中寓诗情，园林参画意，诗情画意遂为中国园林之主导思想。

画究经营位置，造园言布局，叠山求文理，画石讲皴法。山水画重脉络气势，园林尤重此端，前者坐观，后者入游。所谓立体画本，而晦明风雨，四时朝夕，其变化之多，更多于画本。至范山模水，各有所自。苏州环秀山庄假山，其笔意兼宋元诸家之长，变化之多，丘壑之妙，足称叠山典范，我曾誉为如诗中之李杜。而诸时代叠山之嬗变，亦与画之风格紧密相关。清乾隆时假山之硕秀，一如当时之画，而同光间之碎弱，又复一如画风，故不究一时代之画，难言同时期之假山也。

石有品种不同，文理随之而异，画之皴法亦各臻其妙，石涛所谓"峰与皴合，皴自峰生"。无皴难以画石。盖皴法有别，画派遂之而异。故能者绝不能以湖石写倪云林之竹石小品，用黄石叠黄鹤山樵之峰峦。因石与画家所运用之皴法有殊。如不明画派与画家所用表现手法，从未见有佳构。学养之功，促使其运石如用笔，腕底丘壑出现纸上。画家从真山而创造出各画派画法，而叠山家又用画家之法而再现山水。当然亦有许多假山直接摹拟于真山，然不参画理概括提高，皴法巧运，达文理之统一，必如写实模型，美丑互现，无画意可言矣。

假山

环秀山庄

151

中国园林花木，重姿态，色彩高低配置悉符画本。"枯藤老树昏鸦，小桥流水人家。"文学家、园林家、画家皆欣赏它，因有共同所追求之美的目标，而其组合方法，亦同画本所示者。画以纸为底，中国园林以素壁为背景，粉墙花影，宛若图画。叠山家张涟能"以意创为假山，以营丘、北苑、大痴、黄鹤画法为之，峰峦湍濑，曲折平远，经营惨淡，巧夺化工"，已足够说明问题了。

# 园林分南北　景物各千秋

"春雨江南，秋风蓟北。"这短短两句分明道出了江南与北国景色的不同。当然喽，谈园林南北的不同，不可能离开自然的差异。我曾经说过，从人类开始有居室，北方是属于窝的系统，原始于穴居，发展到后来的民居，是单面开窗为主，而园林建筑物亦少空透。南方是巢居，其原始建筑为棚，故多敞口，园林建筑物亦然。产生这些有别的情况，还是先就自然环境言之，华丽的北方园林，雅秀的江南园林，有其果，必有其因。园林与其他文化一样，都有地方特性，这种特性形成的原因还是多方面的。

"小桥流水人家""平林落日归鸦"，分明两种不同境界。当然北方的高亢，与南中的婉约，使园林在总的性格上不同了。北方园林，我们从《洛阳名园记》中所见的唐宋园林，用土穴、大树，景物雄健，而少叠石小泉之景。明清以后，以北京为中心的园林，受南方园林影响，有了很大变化。但是自然条件却有所制约，当然也有所创新。首先对水的利用，北方艰于有水，有水方成名园，故北京西郊造园得天独厚。而市园，除引城外水外，则聚水为池，赖人力为之了。水如此，石则南方用太湖石，是石灰岩，多湿润，故"水随山转，山因水活"，多姿态，有秀韵；北方用云片石，厚重有余，委婉不足，自然之态，终逊南方。且每年花木落叶，时间较长，因此多用长绿树为主，大量松柏遂为园林主要植物。其浓绿色衬在蓝天白云之下，与黄瓦红柱、牡丹、海棠起极鲜明的对比，绚烂夺目，华丽炫人。而在江南的气候条件下，粉墙黛瓦，竹影兰香，小阁临流，曲廊分院，咫尺之地，容我周旋，所谓"小中见大"，淡雅宜人，多不尽之意。落叶树的栽植，又使人们有四季的感觉。草木华滋，是它得天独厚处。北方非无小园、小景，南方亦存大园、大景。亦正如北宋山水多金碧重彩，南宋多水墨浅绛，因为园林所表现的诗情画意，正与诗画相同，诗画言境界，园林同样言境界。北方皇家园林（官僚地主园林，风格亦近似），我名之为宫廷园林，其富贵气固存，而庸俗之处亦在所难免。南方的清雅平淡，多书卷气，自

154

昆曲演出

拙政园

155

然亦有寒酸简陋的地方。因此北方的好园林，能有书卷气，所谓北园南调，自然是高品，因此成功的北方园林，都能注意水的应用，正如一个美女一样，那一双秋波是最迷人的地方。

我喜欢用昆曲来比南方园林，用京剧来比北方园林（是指同治、光绪后所造园），京剧受昆曲影响很大，多少也可以说从昆曲中演变出来，但是有些差异，使人的感觉也有些不同。然而最著名的京剧演员，没有一个不在昆曲上下过功夫。而北方的著名园林，亦应有南匠参加。文化不断交流，又产生了新的事物。在造园中又有南北园林的介体——扬州园林，它既不同于江南园林，又有别于北方园林，而园的风格则两者兼有之。从造园的特点上，可以证明其所处地理条件与文化交流诸方面的复杂性了。

现在，我们提倡旅游，旅游不是"白相"（上海方言，玩），是高尚的文化生活，我们赏景观园，要善于分析、思索、比较，在游的中间可以得到很多学问，增长我们的智慧，那才是有意义的。

# 建筑中的"借景"问题

"借景"在园林设计中，占着极重要的位置，不但设计园林要留心这一点，就是城市规划、居住建筑、公共建筑等设计，亦与它分不开。有些设计成功的园林，人入其中，翘首四顾，顿觉心旷神怡，妙处难言，一经分析，主要还是在于巧妙地运用了"借景"的方法。这个方法，在我国古代造园中早已自发地应用了，直到明末崇祯年间，计成在他所著的《园冶》一书上总结了出来。他说："园林巧于因借。""构园无格，借景在因。""因者，随基势高下，体形之端正，碍木删桠，泉流石注，互相借资，宜亭斯亭，宜榭斯榭，不妨偏径，顿置婉转，斯谓精而合宜者也。借者，园虽别内外，得景无拘远近，晴峦耸秀，绀宇凌空，极目所至，俗者屏之，嘉者收之，不分町疃，尽为

借景北寺塔，悠悠塔影映于水中　拙政园

158

烟景，斯所谓巧而得体者也。"萧寺可以卜邻，梵音到耳，
远峰偏宜借景，秀色可餐。""夫借景者也，如远借、邻借、
仰借、俯借、应时而借"等。清初李渔《一家言》也说"借
景在因"。这些话给我们后代造园者，提出了一个很重要
的原则。如今就管见所及来谈谈这个问题，不妥之处，尚
请读者指正。

"景"既云"借"，当然其物不在我而在他，即化他人
之物为我物，巧妙地吸收到自己的园中，增加了园林的景
色。初期"借景"，大都利用天然山水。如晋代陶渊明诗
中的"采菊东篱下，悠然见南山"，其妙处在一"见"字，
盖从有意无意中借得之，极自然与潇洒的情致。唐代王维
有辋川别业，他说："余别业在辋川山谷。"同时的白居易
草堂，亦在匡庐山中。清代钱泳《履园丛话》"芜湖长春
园"条说，该园"赭山当牖，潭水潆洄，塔影钟声，不暇
应接"。皆能看出他们在园林中所欲借的景色是什么了。"借
景"比较具体的，正如北宋李格非《洛阳名园记》"环溪"
条所描写的："以南望，则嵩高、少室、龙门大谷，层峰翠
巘，毕效奇于前。""以北望，则隋唐宫阙楼殿，千门万户，
岩嶤璀璨，延亘十余里，凡左太冲十余年极力而赋者，可
瞥目而尽也。""水北胡氏园"条："其台四望，尽百余里，

而萦伊缭洛乎其间，林木荟蔚，烟云掩映，高楼曲榭，时隐时见，使画工极思不可图，而名之曰'玩月台'。"明人徐宏祖（霞客）《滇游日记》"游罗园"条："建一亭于外池南岸，北向临流。隔池则龙泉寺之殿阁参差。冈上浮屠，倒浸波心。其地较九龙池愈高，而陂池掩映，泉源沸漾，为更奇也。"这些都是在选择造园地点时，事先作过精密的选择，即我们所谓"大处着眼"。像这种"借景"的方法，要算佛寺地点的处理最为到家。寺址十之八九处于山麓，前绕清溪，环顾四望，群山若拱，位置不但幽静，风力亦是最小，且藏而不露。至于山岚翠色，移置窗前，特其余事了，诚习佛最好的地方。正是"我见青山多妩媚，料青山、见我应如是"。例如常熟兴福寺，虞山低小，然该寺所处的地点，不啻在崇山峻岭环抱之中。至于其内部，"曲径通幽处，禅房花木深"，复令人向往不已了。天台山国清寺、杭州灵隐寺、宁波天童寺等，都是如出一辙，其实例与记载不胜枚举。今日每见极好的风景区，对于建筑物的安排，很少在"借景"上用功夫，即本身建筑之所处亦不顾因地制宜，或踞山巅，或满山布屋，破坏了本区风景，更遑论他处"借景"，实在是值得考虑的事。

园林建筑首在因地制宜，计成所云"妙在因借"。当然"借景"亦因地不同，在运用上有所异，可是妙手能化平淡为神奇，反之即有极佳可借之景，亦等秋波枉送，视若无睹。试以江南园林而论，常熟诸园十九采用平冈小丘，以虞山为借景，纳园外景物于园内。无锡惠山寄畅园其法相同。北京颐和园内谐趣园即仿后者而筑，设计时在同一原则下以水及平冈曲岸为主，最重要的是利用万寿山为"借景"。于此方信古人即使摹拟，亦从大处着眼，掌握其基本精神入手。至于杭州、扬州、南京诸园，又各因山因水而异其布局与"借景"，松江、苏州、常熟、嘉兴诸园，更有"借景"园外塔影的。正如钱泳所说："造园如作诗文，必使曲折有法。"是各尽其妙的了。

明人徐宏祖（霞客）《滇游日记》云："北邻花红正熟，枝压墙南，红艳可爱……"以及宋人"春色满园关不住，一枝红杏出墙来"等句，是多么富于诗意的小园"借景"。这北邻的花红与一枝出墙的红杏，它给隔院人家起了多少美的境界。《园冶》又说："若对邻氏之花，才几分消息，可以招呼，收春无尽。"于此可知"借景"可以大，也可以小。计成不是说"远借""邻借"么？清人沈三白（复）《浮生六记》上说："此处仰观峰领，俯视园亭，既旷且幽。"又是俯仰之间都有佳景。过去诗人画家虽结屋三椽，对"借景"一道，却不随意轻抛的，如"倚山为墙，临水为渠"。我觉得现在的居住区域，人家与人家之间，不妨结合实用以短垣或篱落相间，间列漏窗，垂以藤萝，"隔篱呼取"，"借景"邻宅，别饶清趣，较之一览无遗，门户相对，似乎应该好一点罢。至于清代厉鹗《东城杂记》"半山园"条，"半山当庚园之北，两园相距才隔一巷耳。若登庚园北楼望之，林光岩翠，袭人襟带间，而鸟语花香，固已引人入胜。其东为古华藏寺，每当黄昏人定之后，五更鸡唱之先，水韵松声，亦时与断鼓零钟相答响"，则又是一番境界了。

苏州园林大部分为封闭性，园外无可"借景"，因此园内尽量采用"对景"的办法。其实"对景"与"借景"却是一回事，"借景"即园外的"对景"。比如拙政园内的枇杷园，月门正对雪香云蔚亭，我们称之为该处极好的对景。实则雪香云蔚亭一带，如单独对枇杷园而论，是该小院佳妙的"借景"。绣绮亭在小山之上，紧倚枇杷园，登亭可以俯视短垣内整个小院，远眺可极目于见山楼，这是一种小范围内做到左右前后高低互借的办法；玉兰堂及海棠春坞前的小院"借景"大园，又是能于小处见大，处境空灵的一种了；而"宜两亭"则更明言互相"借景"了。

我们今日设计园林，对于优良传统手法之一的"借景"，当然要继承并且扩大应用的，可是有些设计者往往专从园林本身平面布局的图纸上推敲，缺少到现场作实地详细的踏勘，对于借景一点，就难免会忽略过去。譬如上海高楼大厦较多，假山布置偶一不当，便不能有山林之感，两者对比之下，给人们的感觉就极不协调。假如真的要以高楼为"借景"的话，那么在设计时又须另作一番研究了。苏州马医科巷楼园，园位于土阜上，登阜四望无景可借，于是多面筑屋以蔽之。正如《园冶》所说，"俗者屏之，佳者收之"的办法。沪西中山公园在这一点上，似乎较他园略高一筹，设计时在如何与市嚣隔绝上，用了一些办法。我们登其东南角土阜，极目远望，不见园外房屋，尽量避免不能借的景物，然后园内凿池垒石，方才可使游人如入山林。上海西郊公园占地较广，我以为不宜堆叠高山，因四周或远或近尚多高楼建筑。将来扩建时，如能以附近原有水塘加以组织联系，杂以蒹葭，则游人荡舟其中，仿佛迷离烟水，如入杭州西溪。园林水面一旦广阔，其效果除发挥水在园林中应有的美景外，减少尘灰实是又一重要因素。故北京圆明园、三海等莫不有辽阔的水面，并利用水的倒影、林木及建筑物，得能虚实互见，这是更为动人的"对景"了。明代《袁小修日记》云："与宛陵吴师每同赴米友石海淀园。京师为园,所艰者水耳,此处独饶水。楼阁皆凌水,一如画舫。莲花最盛,芳艳消魂,有楼可望西山秀色。"米万钟诗云:"更喜高楼(案指翠葆榭)明月夜,悠然把酒对西山。"此处不但形容与说明了水在该园林中的作用,更描写了该园与颐和园一样地"借景"西山。

园林"借景"各有特色,不能强不同以为同。热河避暑山庄以环山及八大庙建筑为"借景"。南京玄武湖则以南京城与钟山为"借景",而最突出的就是沿湖城垣的倒影,使人一望而知这是玄武湖。如今沿城筑堤,又复去了女墙,原来美妙的倒影,已不复可见了。西湖有南北二峰,湖中间以苏白二堤为其特色,而保俶、雷峰两塔的倒影,是最足使游人流连而不忘的一个突出景象。北京北海的琼华岛,颐和园的万寿山及远处的西山,又为这三处的特色。他若扬州的瘦西湖,我们若坐钓鱼台,从圆拱门中望莲花桥(五亭桥),从方砖框中望白塔,不但使人觉得这处应用了极佳的"对景",而且最充分地表明了这是瘦西湖。如今对大规模的园林,往往在设计时忽略了各处特色,强以西湖为标准,不顾因地制宜的原则,这又有什么意义可谈。颐和园亦强拟西湖,虽然相同中亦寓有不同,然游过西湖者到此,总不免有仿造风景之感。

我们祖先对"借景"的应用，不仅在造园方面，而且在城市地区的选择上，除政治经济军事等其他因素外，对于城郭外山水的因借，亦是经过十分慎重的考虑的，因为广大人民所居住的区域，谁都想有一个好的环境。《袁小修日记》："沿村山水清丽，人家第宅枕藉山中，危楼跨水，高阁依云，松篁夹路。"像这样的环境,怎不令人为之神往？清代姚鼐《登泰山记》所描写的泰安城："望晚日照城郭、汶水、徂徕如画，而半山居雾若带然。"这种山麓城市的境界，又何等光景呢？是种实例甚多，如广西桂林城、陕西华阴城等，举此略见一斑。至于陵墓地点的选择，虽名为风水所关，然揆之事实，又何独不在"借景"上用过一番思考。试以南京明孝陵与中山陵作比较，前者根据钟山天然地势，逶迤曲折的墓道通到方城（墓地）。我们立方城之上，环顾山势如抱，隔江远山若屏，俯视宫城如在眼底，朔风虽烈，此处独无。故当年朱元璋迁灵谷寺而定孝陵于此，是有其道理的。反之中山陵远望则显，露而不藏，祭殿高耸势若危楼，就其地四望，又觉空而不敛，借景无从，只有崇宏庄严之气势，而无幽深邈远之景象，盛夏严冬，徒苦登高者。二者相比，身临其境者都能感觉得到的。再看北京昌平的明十三陵，乃以天寿山为背景，群山环抱，其地势之选择亦有其独到的地方。至于宫殿，若秦阿房宫之复压三百余里，唐大明宫之面对终南山，南宋宫殿之襟带江（钱塘江）湖（西湖），在借景上都是经过一番研究的，直到今天还值得我们参考。

总之，"借景"是一个设计上的原则，而在应用上还是需要根据不同的具体情况，因地因时而有所异。设计的人须从审美的角度加以灵活应用，不但单独的建筑物须加以考虑，即建筑物与建筑物之间，建筑物与环境之间，都须经过一番思考与研究。如此，则在整体观念上必然会进一步得到提高，而居住者美感上的要求，更会进一步得到满足了。

# 谈谈古建筑的绿化

　　新中国成立以来，党和政府对古代建筑作了大规模的修复与保养工作，许多古建筑都已经实现了绿化。但是在古建筑周围或古建筑群内部进行绿化，与一般的道路绿化或田野绿化等，自有其不同的要求和特点。现在就个人所见提出来与大家讨论。

　　绿化古建筑应以建筑物为主体，绿化是陪衬，也就是用树木花草将古建筑烘托得更美丽。古建筑在选择树种时，对建筑本来是庄严的殿堂，还是轻快的楼阁，也要预先加以研究。已有绿化基础的古建筑，往往存有老树，这是与古建筑一样不可多得的东西，同样具有文物价值，在古建筑修理工程中，应注意保护。最好先将外露的根部加土，树身空处补好，不使雨水侵入而继续腐烂，枯枝加以修剪。树身下部要加木栅围起来，免得在施工中受损伤（至于石灰、柏油等更不能堆置根上）。完工后再把木栅拆去，按原来绿化情况将其他空白处补植。

有许多古建筑，原来曾种植过树木，如果已经不在，仍须补植。在设计时，除研究原来绿化情况以供参考外，还不能单从绿化一方面来考虑问题，必须注意到树木成长后的大小体形与建筑物的配合问题，也不能宾主倒置掩盖了古建筑。比如北海团城因范围较小，承光殿本身有抱厦，外观多变化，松柏用小组种植的办法，根部用树池组合成若干单位，散而有合，密中见疏，在设计方面有高度的成就。在主要建筑物承光殿前，留出若干空地，树木不但没有妨碍建筑物的立面，反而在四周烘托了它。如果是大组的建筑群，我以为除在建筑群内绿化外，建筑群四周如有空地能多植些丛树，也会得到很好的效果。至于墓道上的绿化，以高大的常绿树为最好，最好植在石刻的后面，将石刻陪衬得更鲜明。切不可在石刻之间植树，这样不但破坏了石刻的成组排列关系，并且比例上也不好看，又阻挡了直望的视线。

在建筑前植树，首先要考虑它前面的空地面积，以及游客的活动地区，然后因地制宜地加以栽植。照以往的一些例子来说，不出规则的与不规则的。前者从谨严出发，后者自灵活入手，根据古建筑的不同外观安排，比如北京的太庙与北海团城就是两个好例子。但是无论规则的与不规则的，种乔木总以不靠近建筑为宜。因为树枝向四周发育，容易损坏建筑物，且阴翳过甚，建筑物内部太暗，其根部蔓伸也影响古建筑的基础。月台上尤不宜植树，不如用盆花布置为好。

对于树形的选择，首先要考虑到建筑物的外观。我国古建筑十之八九的屋角起翘，外观庄严，平面又多均衡对称，因此宜用硕大的乔木，而水阁游廊则配以榆、柳、芭蕉等。不同地区也有不同的树木，如华北多用常绿的松柏，华中多用银杏、香樟，华南多用榕树，这些树木的形体基本上能与建筑物配合起来，充分表现出地方的风格。树的高度与修剪也是要注意的问题。从以往的一些实例来看，大都是下部剪去，使人视线穿过能看到建筑物。树的上部应不使太密，留下许多美丽的虬枝，枝与枝之间有相当空间，这样使树木上部重量不致太大，大风时可减少阻力，对树木本身保护上也有一些作用。一些落叶树向上发育太高时，可以根据具体情况酌予抽枝修剪或适当修低，但要注意修剪后的姿态。

冬日蜡梅香

留园

170

庭院中的南天竹

秋霞圃

树的外形既如上述，树叶的形态与颜色也要留心。在选择同一种树类时，比较容易统一，如果几种同植，在叶形上要选择比较接近的，最忌小叶与大叶相间，阔叶与针叶杂处。在色彩方面，北方蓝天白云的日子多，古建筑黄瓦红墙，多数用松柏及白皮松，对比性很强；酌量用一些槐榆，也觉高直雄健，翠盖满院。南方枫树到深秋变色，衬在灰色屋面与粉墙晴空下，颜色很是醒目。银杏与樟树在江南古建筑的绿化上，尤为常见，不过前者成长速度慢，后者不便移植，是美中不足的地方。中型的古建筑，栽植一些花树如桂花、玉兰、茶花、丁香等，花时满院幽香；或间植中国梧桐与盘槐，亦觉青葱可爱。小型古建筑的庭院，用牡丹台及安置一些湖石、修竹、天竹等，亦无不可。花的颜色，要考虑到与建筑物颜色的调和及对比，一般在粉墙下用有色的花，在髹漆的古建筑前用淡色的花，这样绚烂夺目，雅淡宜人，游者一望便见。院子小不宜多植，应该留适当的空地，在树下做成树池。地面用卵子石或仄砖铺地，更觉洁净。

总之，绿化古建筑，是与修缮维护古建筑同样重要的工作。过去我们在这方面做出不少成绩，今后还希望做得更多更好。

# 春游季节谈园林欣赏

现在正是春游佳节，首都的颐和园、北海，苏州的拙政园、留园，上海的豫园，扬州的个园等，不知吸引了多少的游客。我国园林应该是建筑、花木、水石、绘画、文学等的综合艺术，在世界园林建筑中独树一帜。从古代到现在，劳动人民在这方面创造了无数的佳作。我们在游园之时，如何欣赏这些园林艺术，理解它的佳妙之处，我想是大家所乐闻的吧！

一个园林不论大小，必有一个总体。当游颐和园时，我们印象最深的是昆明湖与万寿山，游北海，则是海与琼华岛。苏州拙政园曲折弥漫的水面，扬州个园峻拔的黄石大假山，也给人印象甚深。这些都是园林在总体上的特征，形成了各园特有的景色。在建造时，多数是利用天然的地

春秋俯瞰，色彩各异

留园

174

形，加以人工的整理与组合而成的。这样不但节约了人工物力，而且有利于景物的安排，这在古代造园术上，称为"因地制宜"。我们去游从未去过的园林时，应先了解一园的总体，不然，正如《红楼梦》中的刘姥姥一样，一进大观园，就会茫然无所对了。

在我国古典园林的总体中，有以山为主的，有以水为主的，也有以山为主水为辅，或以水为主山为辅的。而水亦有散聚之分，山有峻岭平冈之别，总之景因园异，各具风格。在观赏时，又有动观与静观之分。因此，评价某一园林艺术水平的高低，要看它是否发挥了这一园景的特色，不落常套。

古代园林因受封建社会历史条件的限制，可说绝大部分是封闭的，即园四周皆有墙垣，景物藏之于内。可是园外有些景物还是要组合到园内来，此即所谓"借景"。颐和园的主要组成部分是昆明湖与万寿山，但是当我们在游的时候，近处的玉泉山和较远的西山仿佛也都被纳入园中，使园有限的空间不知扩大了多少倍，予人以不尽之意。我最爱夕阳西下的时候在"湖山真意"处凭栏，玉泉山"移置"槛前，的确是一幅画图。北京西郊诸园可说都"借景"西山，明代人的诗说"更喜高楼明月夜，悠然把酒对西山"，便是写的这种境界。"借景"予人的美感是在有意无意之间，陶渊明的"采菊东篱下，悠然见南山"，妙处就在"悠然见"。园林中除给人以"悠然见"的"借景"外，在园内亦布置了若干同样"悠然见"的景物，使游者偶然得之，这名之谓"对景"。苏州拙政园有一个小园叫枇杷园，从园中的月门望园外，适对大园池上的雪香云蔚亭，便是一例。

中国园林往往在大园中包小园，如颐和园的谐趣园、北海的静心斋、苏州拙政园的枇杷园、留园的揖峰轩等，它们不但给了园林以开朗与收敛的不同境界，同时又巧妙地把大小不同、曲直各异的建筑物与山石树木，安排得十分恰当。至于大湖中包小湖的办法，要推西湖的三潭印月了。这些小园小湖多数是园中精华所在的地方，无论在建筑的处理上，山石的堆叠上，盆景的配置上，都是细笔工描，耐人寻味。正如欣赏齐白石的画一样，那粗笔幅中的工笔虫，是齐翁用力最劲的地方。在游园的时候，对于这些小境界，不要等闲行过，宜于略事盘桓。我相信年事较高的人，必有此同感。

中国园林在景物上主要摹仿自然，即用人工的力量来建造出天生的景色，即所谓"虽由人作，宛自天开"。这些景物虽不强调一定仿自某山某水，但多少有些根据。颐和园的仿西湖便是一例，可是它又不同于西湖。还有利用山水画为粉本，参以诗词的情调，构成许多如诗如画的景色。这些景物已是提高到画意诗情的境界了。在曲折多变的景物中，还运用了"对比""衬托"等的手法。所谓"对比"，就是两种不同的景物相互对比，可得很好的效果。颐和园前山为华丽的建筑群，后山却是苍翠的自然景物，两者予游客以不同的感觉，而景物相得益彰，便是一例。因此在中国园林中，往往以建筑物与山石作对比，大与小作对比，高与低作对比，疏与密作对比。而一园的主要景物却又由若干次要的景物"衬托"而出，使"宾主分明"，突出了重点，像北海的白塔、景山的五亭和颐和园的佛香阁便是。

中国园林除山石树木外，建筑物是主要构成部分。亭、台、楼、阁的巧妙安排，变化多端，十分重要。如花间隐榭、水边安亭、长廊云墙、曲桥漏窗等，构成各种画面，使空间更加扩大，层次分明。因此游过中国园林的人常说，花园虽小，游来却够曲折有致。这就是说将这些东西组合成大小不同的空间，有开朗，有收敛，有幽深，有明畅，从入园到兴尽游罢，如看中国画的手卷一样，次第接于眼帘，观之不尽的了。

"好花须映好楼台"，园林中的树木就要发挥这个作用。我相信到过北海团城的人，没有一个不说团城承光殿前的一些松柏，是布置得那样妥帖宜人，说得上"四时之景，无不可爱"。这是什么道理？其实是这些松柏的姿态与附近的建筑物体形，高低相称，又利用了"树池"将它参差散植，加以适当的组合，疏密有致，掩映成趣。苍翠虬枝与红墙碧瓦构成一幅极好的水彩画面，怎不令人流连忘返呢？颐和园乐寿堂前的海棠，同样与四周的廊屋形成了玲珑绚烂的构图，这些都是绿化中的佳作。江南的园林，利用白墙作背景，影以华滋的花木、清拔的竹石，明洁悦目，又别具一格。园林中的花木，大都是经过长期的修整，人力加工，使曲尽画意。园林中除假山外，尚有"立峰"，这些是单独欣赏的佳石，抽象的雕刻品，它必具有"透、漏、瘦"三个优点，方称佳品，即要"玲珑剔透"。说得具体点，石头的姿态可以"入画"，才能与园林相配。我国古代园林中，要有佳峰珍石，方称得名园。上海豫园的"玉玲珑"，苏州留园的"冠云峰"，在太湖石中都是上选，给园林生色不少。

若干园林亭阁，不但有很好的命名，有时还加上了很好的对联。读过《老残游记》的，总还记得老残在济南游大明湖，看了"四面荷花三面柳，一城山色半城湖"的对联后，暗暗称道："真个不错。"这便是妙在其中。当然，有些亭阁的命名和对联的内容，其封建意识很浓，那又当别论了。

不同的季节，园林呈现不同的风光。古人说过："春山淡冶而如笑，夏山苍翠而如滴，秋山明净而如妆，冬山惨淡而如睡。"接下来便是"春山宜游，夏山宜看，秋山宜登，冬山宜居"了。在当时的设计中多少参用了这些画理，扬州的个园便是用了春夏秋冬四季不同的假山。在色泽上，春用略带青绿的石笋，夏用灰色的湖石，秋用褐黄的黄石，冬用白色的雪石。此外，黄石山奇峭凌云，俾便秋日登高。雪石罗堆厅前，冬日可作居观，便是体现这个道理。

晓色云开，春随人意，想来大家必可畅游一番吧！

# 西湖园林风格漫谈

　　西湖的园林建筑是我们园林修建工作者的一个重大课题，它既复杂又多样，其中有巨作，有小品，是好题材。古来的作家诗人，从各种不同角度，写成了若干不朽作品，到今日尚能引起我们或多或少的幻想和憧憬。

　　西湖是我国最美丽的风景区之一。今天在党的领导下，经过多少人的辛勤劳动，她越变越美丽。可是西湖并不是从白纸上绘制的一幅新图画，她至少已有一千多年的历史（说得少点从唐宋开始），并在前人的基础上一直在重新修改。唐人诗词上歌咏的与宋人笔记上记载的西湖，我们今天仍能在文献资料中看到。社会在不断发展，西湖也不断地在变，今天希望她变得更好，因此有必要来讨论一下。清人汪春田《重葺文园诗》："换却花篱补石栏，改园更比改诗难。果能字字吟来稳，小有亭台亦耐看。"这首诗对我们园林修建工作者来说，真是一语道破了其中的甘苦，他的体会确是"如人饮水，冷暖自知"。花篱也罢，石栏也罢，我们今天要推敲的是到底今后西湖在建设中应如何变得更理想，这就牵涉到西湖园林风格问题，这问题我相信大家一定可以"争鸣"一下，如今我来先谈西湖的风景。

西湖在杭州城西，过去沿湖滨一带是城墙。从前游西湖要出钱塘门、涌金门与清波门，因此《白蛇传》的许仙与白娘娘就是在这儿会见的。她既位于西首，三面环山，一面临城，因此在凭眺上就有三个面，即面南山、北山和面城的西山。以风景而论，从南向北、从东向西比从北望南来得好，因为面北面西，山色都在阳面，景色宜人，如私家园林的"见山楼""荷花厅"多半是北向的。可是建筑物面向风景后又不免要处于阴面，想达到"二难并，四美具"，就要求建筑师在单体设计时，在朝向上巧妙地考虑问题了。西山与北山既为最好的风景面，因此这两山（包括孤山）是否适宜造过于高大的建筑物，以致占去过多的绿化面与山水？如孤山，本来不大，如果重重地满布建筑物的话，是否会产生头重脚轻的失调现象？去年同济大学设计院在设计孤山图书馆方案时，我就开宗明义地提出了这个问题。即使不得已在实际需要上必须建造，亦宜大园包小园，以散为主，这样使建筑物隐于高树奇石之中，两者会显得相得益彰。其次，有些风景遥望极佳，而观赏者要立足于相当距离外的观赏点，因此建筑物要求发挥观赏佳景作用并不等同于据此佳丽之地，大兴土木，甚至于据山盘踞，而是若即若离地去欣赏此景，这就是造园中所谓"借景""对景"的命意所在。我想如果最好的风景面上都造上了房子，不但破坏了风景面，即居此建筑中也了无足观，正所谓"不见庐山真面目"了。过去诗文中常常提到杭州城南风光，依我看来还是北望宝石山、孤山与白堤一带景物更为美妙吧。

西湖风景有开朗明净似镜的湖光，有深涧曲折、万竹夹道的山径，有临水的水阁湖楼，有倚山的山居岩舍，景物各因所处之地不同而异。这些正是由于西湖有山有水的优越条件而形成。既有此优越条件，那"因地制宜"便是我们设计时最好的依据了。文章有论著，有小品，各因题材内容而异，但总是要切题，要有法度。清代钱泳说得好："造园如作诗文，必使曲折有法。"这就提出了园林要曲折、要有变化的要求，因此西湖既有如此多变的风景面，我们做起文章来，正需诗词歌赋件件齐备，画龙点睛，锦上添花，只要我们构思下笔就是。我觉得今后对西湖这许多不同的风景面，应事先好好地安排考虑一下，最重要的是先广搜历史文献，然后实地勘察，左顾右盼，上眺下瞰，选出若干欣赏点，选就以后就能规定何处可以建筑；何处只供观赏，不能建造多量建筑物；何处适宜做安静的疗养处；何处是文化休憩处。这都要先"相地"，正如西泠印社四照阁上一联所说的："面面有情，环水抱山山抱水；心心相印，因人传地地传人。"上联所指，是针对"相地""借景"两件园林中最主要的要求而言，我想如果到四照阁去过的人，一定体会很深。

大规模的风景区必然有隐与显不同的风景点，像西湖这样的自然环境，当然不能例外，有面面有情、顾盼生姿的西湖湖面及环山，有"遥山近却无"的"双峰插云"，更有"曲径通幽"的韬光龙井，古人在处理这许多各具特色的风景点时，用的是不同的巧妙手法，因此今后安排景物时，如何能做到不落常套，推陈出新，我想对前人的一些优秀手法，以及保存下来的出色实例，都应作进一步的继承与发扬。当然我们事先应作很好的调查，将原来的家底摸清楚，再作出较全面的分析，这样可以比较实事求是一些。

西湖是个大风景区，建筑物对景物起着很大的作用，两者互相依存，所谓"好花须映好楼台"。尤其是中国园林，这种特点更显得突出。西湖不像私家园林那样要用大量的亭台楼阁，可是建筑物却是不可缺少的主体之一。我想西湖不同于今日苏、扬一带古典园林，建筑物的形式不必局限于翼角起翘的南方大型建筑形式，当然红楼碧瓦亦非所取，如果说能做到雅淡的粉墙素瓦的浙中风格，予人以清静恬适的感觉便是。大型的可以翼角起翘，小型的可以水戗发戗或悬山、硬山、游廊、半亭，做到曲折得宜，便是好布置。我们试看北京颐和园，主要的佛香阁一组用琉璃瓦大屋顶，次要的殿宇馆阁，就是灰瓦覆顶。即使封建社会皇家的穷奢极欲，也还不是千篇一律地处理。再者西湖范围既如此之大，地区有隐有显，有些地方建筑物要突出，有些地方相反地要不显著，有些地方要适当点缀，因此在不同的情况下，要灵活地应用，确定风景和建筑何者为主，或风景与建筑必须相映成趣，这些都要事先充分地考虑。尤其是今天，西湖的建筑物有着不同的功能，这就使我们不能强调内容为先，还是形式为先，要注意到两者关系的统一。好在西湖范围较大，有山有水，有谷有岭，有前山有后山，如果能如上文所说在事先有明确的分区，严格地执行，这问题想来亦不太大。如此便保持了整个西湖风格的统一与其景色的特色。

西湖过去有"十景"，今后当有更多的好景。所谓"十景"是指十个不同的风景欣赏点，有带季节性的如"苏堤春晓""平湖秋月"；有带时间性的"雷峰夕照"；有表示气候特色的"曲院风荷""断桥残雪"；有突出山景的"双峰插云"；有着重听觉的"柳浪闻莺"等。总之根据不同的地点、时间、空间，产生了不同的景物，这些景物流传得那么久，那么深入人心，并非偶然。好景一经道破，便成绝响，自然每一个到过西湖的游客都会留下不灭的印象。因此今日对于景物的突出、主题的明确，是要加以慎重考虑的，如果景色宾重于主，或虽有主而不突出，如曲院风荷没有荷花，即使有不过点缀一下，那么如何一望便知是名副其实呢。所以这里提出，今后对于这类复杂课题，都要提到诗情画意、若即若离、空濛山色、迷离烟水的境界去进行思考处理，因此说西湖是画，是诗，是园林，关键在我们如何从各种不同角度来理解她。

树木对于园林风格是起一定作用的，记得古人有这样的句子，"明湖一碧，青山四围，六桥锁烟水"，将西湖风景一下子勾勒了出来。"六桥烟水"四字，必然使读者联想到西湖的杨柳，这是烟水垂杨，是那么的拂水依人。再说"绿杨城郭是扬州""白门杨柳好藏鸦"，都是说像扬州、南京这种城市，正如西湖一样以杨柳为其主要绿化物。其他如黄山松、栖霞山红叶，也都各有其绿化特征。西湖在整个的绿化上不能没有其主要的树类，然后其他次要的树木才能环绕主要树木，适当地进行配合与安排。如果不加选择，兼收并蓄的话，很难想象会造成什么结果。正如画必定要有统一的气韵格调一样，假山也有统一的皴法。我觉得西湖似应以杨柳为主，此树喜水，培养亦易，是绿化中最易见效的植物。其次必须注意到风景点的特点，如韬光的楠木林、云栖龙井的竹径、满觉陇的桂花、孤山的梅花，都要重点栽植。这样既有一般，又有重点，更好地构成了风景地区的逗人风光。至于宜于西湖生长的一些花木，如樟树、竹林，前者数年即亭亭如盖，后者隔岁便翠竿成荫，在浙中园林常以此二者为主要绿化植物，而且经济价值亦大，我认为亦不妨一试，以标识浙中园林植物的特点。更若外来的植物，在不破坏原来风格的情况下，亦可酌量栽植，不过最好是专门辟为植物园，那么所收效果或较散植为佳。盆景在浙江所用的，比苏州扬州更丰富多彩，我记得过去看见的那些梅桩与佛手桩、香橼桩，苍枝缀玉，碧树垂金，都是他处罕有的，皆出金华、兰溪匠师之手。像这些地方特色较重的盆景，如果能继续发扬的话，一定会增加西湖景色不少。

# 村居与园林

　　我国广大劳动人民居住的绝大部分地区——农村，在居住的所在，历来都进行了绿化，以丰富自己的生活。这种绿化又为我国园林建筑所取材与摹仿。农村绿化看上去虽然比较简单，然在"因地制宜""就地取材""因材致用"这三个基本原则指导之下，能使环境丰富多彩，居住部分与自然组合在一起，成为一个人工与天然相配合的绿化地带。这在小桥流水、竹影粉墙的江南更显得突出。这些实是我们今日应该总结与学习的地方。在原有基础上加以科学分析和改进提高，将对今后改良居住环境与增加生产，以及供城市造园借鉴，都有莫大好处。

　　我国幅员辽阔，地理气候南北都有所不同，因而在绿化上，也有山区与平原之分。山区的居民，其建筑地点大都依山傍岩，其住宅左右背后，皆环以树木，我们伟大领袖毛主席的湘潭韶山冲故居，即是一个好例。至于平原地带村落，大都建筑在沿河流或路旁，其绿化原则，亦大都有树木环绕，尤其注意西北方向，用以挡烈日、防风。住宅之旁亦有同样措施。宅前必留出一块广场，以作晒农作物之用。广场之前又植树一行，自划成区。宅北植高树，江南则栽竹，既蔽荫又迎风。鸡喜居竹林，因为根部多小虫可食，且竹林之根要松，鸡的活动，有助竹的生长，两全其美。宅外的通道，皆芳树垂阴，春柳拂水，都是极妙的画图。这些绿化都以功能结合美观。在江南每以常绿树与落叶树互相间隔，亦有以一种乔木单植的，如栗树、乌桕、楝树，这些树除果实可利用外，其材亦可利用。硬木如檀树、石楠，佳材如银杏、黄杨，都是经常见到的。以上品种每年修枝与抽伐，所得可用以制造农具与家具。至于浙江以南农村的樟树，福建以南农村的榕树，华北的杨树、槐树，更显午阴嘉树清圆，翠盖若棚，皆为一地绿化特征。利用常绿矮树作为绿篱，绕屋代墙。宅旁之竹林与果树，在生产上也起作用。在河旁溪边栽树，也结合生产，如广州荔枝湾就是在这原则下形成的。池塘港湾植以芦苇，或布菱荷，如嘉兴的南湖、南塘的莲塘，皆为此种栽植之突出者。这些都直接或间接影响到造园。虽然园林花木以姿态为主，与大自然有别，却与农村村居为近，且经修剪，硬木树尤为入画。因此如"柳荫路曲""梧竹幽居""荷风四面"等命题的风景画，未始不从农村绿化中得到启发，不过再经过概括提炼，以少胜多，具体而微而已。

对于古代园林中的桥常用一面栏杆，很多人不解。此实仿自农村者。农村桥农民要挑担经过，如果两面用栏杆，妨碍担行，如牵牛过桥，更感难行，因此农村之桥，无栏杆则可，有栏亦多一面。后之造园者未明此理，即小桥亦两面高栏杆，宛若夹弄，这未免"数典忘祖"了。至于小流架板桥，清溪点步石，稍阔之河，曲桥几折，皆委婉多姿，尤其是在山映斜阳、天连芳草、渔舟唱晚之际，人行桥上，极为动人。水边之亭，缀以小径，其西北必植高树，作蔽阳之用，而高低掩映，倒影参错，所谓"水边安亭""径欲曲"者，于此得之。至于曲岸回沙，野塘小坡，别具野趣，更为造园家蓝本所自。苏州拙政园原多逸趣，今则尽砌石岸，顿异前观。造园家不熟悉农村景物，必导致伧俗如暴发户。今更有以"马赛克"贴池间者，无异游泳池了。

农村建筑妙在地形有高低，景物有疏密，建筑有层次，树木有远近，色彩有深浅，黑白有对比（江南粉墙黑瓦）等，千万村居无一处相雷同，舟行也好，车行也好，十分亲切，观之不尽，我在旅途中，它予我以最大的愉快与安慰。这些景物中有建筑，有了建筑必有生活，有生活必有人，人与景联系起来，所谓情景交融。我国古代园林，大部分摹拟自农村景物，而又不是纯仿大自然，所以建筑物占主要地位。造园工人又大部分来自农村，有体会，便形成可坐可留、可游可看、可听可想、别具一格的中国园林。它紧紧地与人结合了起来。

农村多幽竹嘉林，鸣禽自得，春江水暖，鹅鸭成群，来往自若，不避人群。因此在园林中建造"来禽馆"，亦寓此意。可惜今日在设计动物园时，多数给禽鸟饱受铁窗风味，入园如探牢，这也是较原始的设计方法。没有生活，没有感情，不免有些粗暴吧！

游　园

# 苏州网师园

苏州网师园，我誉为苏州园林之小园极致，在全国的园林中，亦居上选，是"以少胜多"的典范。

网师园在苏州市阔街头巷，本宋时史氏万卷堂故址。清乾隆间宋鲁儒（宗元，又字悫庭）购其地治别业，以"网师"自号，并延其园，盖托渔隐之义，亦取名与原巷名"王思"相谐音。旋园颓圮，复归瞿远村，叠石种木，布置得宜，增建亭宇，易旧为新，更名"瞿园"。乾隆六十年（1795）钱大昕为之作记。[1] 今之规模，即为其旧。同治间属李鸿裔（眉生），更名"苏东邻"。其子少眉继有其园。[2] 达桂（馨山）亦一度寄寓之。入民国，张作霖举以赠其师张锡銮（金坡）。[3] 曾租赁与叶恭绰（遐庵）、张泽（善子）、爰（大千）兄弟，分居宅园。后何亚农购得之，小有修理。1958

俯瞰网师园

月到风来亭

网师园

年秋由苏州园林管理处接管，住宅园林修葺一新。叶遐庵谱《满庭芳》词，所谓"西子换新装"也。

住宅南向，前有照壁及东西辕也。入门屋穿廊为轿厅，厅东有避弄可导之内厅。轿厅之后，大厅崇立，其前砖门楼，雕镂极精，厅面阔五间，三明两暗。西则为书塾，廊间刻园记。内厅（女厅）为楼，殿其后，亦五间，且带厢。厢前障以花样，植桂，小院宜秋。厅悬俞樾（曲园）书"撷秀楼"匾。登楼西望，天平、灵岩诸山黛痕一抹，隐现窗前。其后与五峰书屋、集虚斋相接。下楼至竹外一枝轩，则全园之景了然。

自轿厅西首入园，额曰"网师小筑"，有曲廊接四面厅，额"小山丛桂轩"，轩前界以花墙，山幽桂馥，香藏不散。轩东有便道直贯南北，其与避弄作用相同。蹈和馆琴室位轩西，小院回廊，迂徐曲折。欲扬先抑，未歌先敛，故小山丛桂轩之北以黄石山围之，称"云冈"。随廊越坡，有亭可留，名"月到风来"，明波若镜，渔矶高下，画桥迤逦，俱呈现于一池之中，而高下虚实，云水变幻，骋怀游目，咫尺千里。"涓涓流水细浸阶，凿个池儿招个月儿来，画栋频摇动，荷蕖尽倒开。"亭名正写此妙境。云岗以西，小阁临流，名"濯缨"，与看松读画轩隔水招呼。轩园之

198

竹外一枝轩

网师园

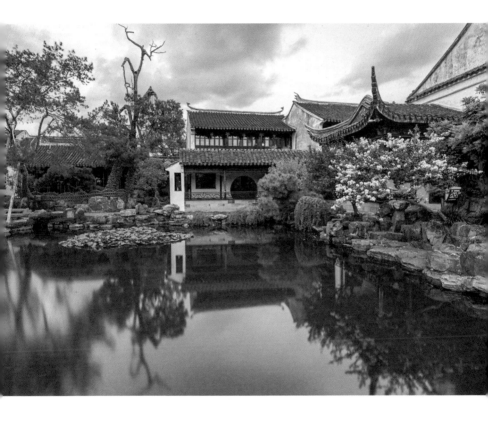

殿春簃，取自北
宋邵雍「尚留芍
药殿春风」句意

网师园

200

主厅，其前古木若虬，老根盘结于苔石间，洵画本也。轩旁修廊一曲与竹外一枝轩接连，东廊名射鸭，系一半亭，与池西之月到风来亭相映。凭栏得静观之趣，俯视池水，弥漫无尽，聚而支分，去来无踪，盖得力于溪口、湾头、石矶之巧于安排，以假象逗人。桥与步石环池而筑，犹沿明代布桥之惯例，其命意在不分割水面，增支流之深远也。至于驳岸有级，出水留矶，增人"浮水"之感，而亭、台、廊、榭，无不面水，使全园处处有水"可依"。园不在大，泉不在广，杜诗所谓"名园依绿水"，不啻是园之咏也。以此可悟理水之法，并窥环秀山庄叠山之奥秘，思致相通。池周山石，虽未若环秀山庄之曲尽巧思，然平易近人，蕴藉多姿，其蓝本出自虎丘白莲池。

园之西部殿春簃，原为药栏。一春花事，以芍药为殿，故以"殿春"名之。小轩三间，拖一复室，竹、石、梅、蕉，隐于窗后，微阳淡抹，浅画成图。苏州诸园，此园构思最佳，盖园小"邻虚"，顿扩空间，"透"字之妙用，于此得之。轩前面东为假山，与其西曲廊相对。西南隅有水一泓，名"涵碧"，清澈醒人，与中部大池有脉可通，存"水贵有源"之意。泉上构亭，名"冷泉"。南略置峰石为殿春簃对景。余地以"花街"铺地，极平洁，与中部之利用水池，同一原则。以整片出之，成水陆对比，前者以石点水，后者以水点石。其与总体之利用建筑与山石之对比，相互变换者，如歌家之巧运新腔，不袭旧调。

网师园清新有韵味，以文学作品拟之，正北宋晏几道《小山词》之"淡语皆有味，浅语皆有致"，建筑无多，山石有限，其奴役风月，左右游人，若非造园家"匠心"独到，不克臻此。[4]足证园林非"土木""绿化"之事，故称"构园"。王国维《人间词话》指出"境界"二字，园以有"境界"为上，网师园差堪似之。

窗影

网师园

作者注

1　乾隆六十年（1795）《网师园记》："带城桥之南，宋时为史氏万卷堂故址，
　　与南园沧浪亭相望。有巷曰网师者，本名王思。曩三十年前，宋光禄悫
　　庭购其地，治别业为归老之计，因以网师自号，并颜其园，盖托于渔隐
　　之义，亦取巷名音相似也。光禄既殁，其园日就颓圮，乔木古石，大半
　　损失，唯池一泓，尚清澈无恙。瞿君远村偶过其地，惧其鞠为茂草也，
　　为之太息，问旁舍者，知主人方求售，遂买而有之。因其规模，别为结
　　构，叠石种木，布置得宜，增建亭宇，易旧为新。既落成，招予辈四五
　　人，谈宴为竟日之集。石径屈曲，似往而复，沧浪渺然，一望无际。有
　　堂曰梅花铁石山房，曰小山丛桂轩，有阁曰濯缨水阁，有燕居之室曰蹈
　　和馆，有亭于水者曰月到风来，有亭于厓者曰云岗，有斜轩曰竹外一枝，
　　有斋曰集虚……地只数亩而有纡回不尽之致……柳子厚所谓奥如旷如
　　者，殆兼得之矣。"褚廷璋清嘉庆元年（1796）《网师园记》："远村于斯
　　园增置亭台竹木之胜，已半易网师旧规。""乾隆丁未（1787）秋奉讳旋里，
　　观察（宋鲁儒）久为古人，园方旷如，拟暂僦居而未果。"冯浩清嘉庆
　　四年（1799）《网师园记》："吴郡瞿君远村得宋悫庭网师园，大半倾圮，

因树石池水之胜，重构堂亭轩馆，审势协宜，大小咸备，仍余清旷之境，
足畅怀舒眺。"园后归吴嘉道，为时不久。

2　见俞樾《撷秀楼匾额跋》及达桂、程德全之网师园题记。又名蘧园。

3　据张学铭先生见告，园旧有黎元洪赠张锡銮书匾额。后改称逸园。

4　苏舆《养疴闲记》卷三："宋副使悫庭（宗元）网师小筑在沈尚书第东，
仅数武，中有梅花铁石山房、半巢居、北山草堂（附对句'丘壑趣如此；
鸾鹤心悠然'）、濯缨水阁 ['水面文章风写出；山头意味月传来'（钱维
城）]、花影亭 ['鸟语花香帘外景；天光云影座中春'（庄培因）]、小
山丛桂轩 ['鸟因对客钩辀语；树为循墙宛转生'（曹秀先）]、溪西小隐、
斗屠苏 [附对句'短歌能驻日；闲坐但闻香'（陈兆仑）]、度香艇、无喧庐、
琅玕圃 [附对句'不俗即仙骨；多情乃佛心'（张照）]。"

205

# 苏州环秀山庄

苏州环秀山庄为江南名园之一。园中叠石系吴中园林最杰出者，是研究我国古代叠山艺术的重要实例。

环秀山庄位于苏州市景德路，本五代广陵王钱氏金谷园故址。入宋归朱伯原，名乐圃。元时属张适。明成化间为杜东原所有，旋归申时行。中有宝纶堂，其裔孙改筑蘧园，建来青阁，魏禧作记。清乾隆间，蒋楫[1]居之，掘地得泉，名曰"飞雪"。毕沅继蒋氏有此园，复归孙补山[2]家。道光末汪氏[3]，名耕荫义庄，颜曰环秀山庄，又名"颐园"。

环秀山庄原来布局，前堂名"有榖"，南向前后点石，翼以两廊及对照轩。堂后筑环秀山庄，北向四面厅，正对山林。水萦如带，一亭浮水，一亭枕山。西贯长廊，尽处有楼，楼外另叠小山，循山径登楼，可俯视全园。飞雪泉

假山

环秀山庄

在其下，补秋舫则横卧北端。

主山位于园之东部，后负山坡前绕水。浮水一亭在池之西北隅，对飞雪泉，名"问泉"。自亭西南渡三曲桥入崖道，弯入谷中，有洞自西北来，横贯崖谷。经石洞，天窗隐约，钟乳垂垂，踏步石，上磴道，渡石梁，幽谷森严，阴翳蔽日。而一桥横跨，欲飞还敛，飞雪泉石壁，隐然若屏，即造园家所谓"对景"。沿山巅，达主峰，穿石洞，过飞桥，至于山后。枕山一亭，名"半潭秋水一房山"。缘泉而出，山蹊渐低，峰石参错，补秋舫在焉。东西二门额曰"凝青""摇碧"，足以概括全园景色。其西为飞雪泉石壁，涧有步石，极险巧。

园初视之，山重水复，身入其境，移步换影，变化万端。概言之，"溪水因山成曲折，山蹊随地作低平"，得真山水之妙谛，却以极简洁洗练之笔出之。山中空而浑雄，谷曲折而幽深。中藏洞、屋，内贯涧流，佐以步石、崖道，宛自天开。磴道自东北来，与涧流相会于步石，至此仰则青天一线，俯则清流几曲，几疑身在万山中。上层以环道出之，绕以飞梁，越溪渡谷，组成重层游览线，千岩万壑，方位莫测，极似常熟燕园（又名"燕谷"[4]，见本集《常熟园林》)，唯用石则不同（燕谷用黄石，山庄用湖石）。留园西北角，一溪之上，架桥三层，命意相同，系晚明周秉忠（时臣）叠,时间早于造燕园的戈裕良，可知其手法出处。

环秀山庄假山，传出乾嘉间常州戈裕良手。文献可征者，唯钱泳《履园丛话》，近人王謇《瓠庐杂缀》所记亦袭是说。兹就戈氏今存作品，如常熟燕园、扬州意园小盘谷（据秦氏藏意园图记），及乾嘉时代叠山之特征，可确定为戈氏之作。

我对于清代假山，约分为清初、乾嘉、同光三时期。清初犹承晚明风格，意简而蕴藉，虽叠一山，仅台、洞、磴道、亭榭数事，不落常套，而光景常新，雅隽如晚明小品文，耐人寻味。至乾嘉则堂庑扩大，雄健硕秀，构山功力加深，技术进步，是造园史上的一转折点。而戈氏运石似笔，挥洒自如，法备多端，实为乾嘉时期叠山之总结者。此时期假山体形大，腹空，中构洞壑、涧谷，戈氏复创钩带法，顶壁一气，技术先进，结构合理，与前之纯以石叠与土包石法有异，较叠山挑压之法提高。能以少量之石，叠大型之山，环秀山庄即为典型例子，非当时有较充裕的经济基础与先进之叠山技术，不克臻此。杭州文澜阁、北京乾隆御花园，皆此类型。当时社会倾向于大山深洞，而匠师又能抒其技，戈裕良特当时之翘楚。降及同光，经济

四面厅

环秀山庄

衰落，技术渐衰，所谓土包石假山兴起，劣者仅知有石，几如积木。我曾讥为"排排坐，个个站，竖蜻蜓，叠罗汉，有洞必补，有缝必嵌"。苏州怡园假山虽在当时刻意为之，仍属中乘，其洞苦拟环秀山庄者，然终嫌局促。

山以深幽取胜，水以湾环见长，无一笔不曲，无一处不藏，设想布景，层出新意。水有源，山有脉，息息相通，以有限面积（园占地约二点四市亩，假山占地约半市亩）造无限空间；亭廊皆出山脚，补秋舫若浮水洞之上。此法为乾隆间造园惯例，北京乾隆御花园、承德避暑山庄等屡见不鲜，当自南中传入北国者。西北角飞雪岩，视主山为小，极空灵清峭，水口、飞石，妙胜画本。旁建小楼，有檐瀑，下临清潭，具曲尽绕梁之味。而亭前一泓，宛若点睛。

叠石之法，以大块竖石为骨，用劈斧法出之，刚健矫挺，以挑、吊、压、叠、拼、挂、嵌、镶为辅，计成所创"等分平衡法"，至此扩大之。洞顶用钩带法。叠石既定（戈氏重叠石，突出使用，下脚石以黄石为之），骨架确立，以小石掇补，正画家大胆落墨，小心收拾，卷云自如，皴自峰生，悉符画本，其笔意兼宋元山水画之长。戈氏承石涛之余绪，洞悉拼镶对缝之法，故纹理统一，宛转多姿，浑若天成。常州近园（康熙十一年，即 1672 笪重光有记，

211

王石谷有图），映水一山，崖道、洞壑、磴台，楚楚有致。此园早于戈氏，度戈氏必见此类先例，源渊有自，总结提高。但洞顶犹为条石，为早期作品可证。壁岩之法，计成已有论述，而实例以此山为最。崖道之法，常、锡故园用之者，视苏州为多（常州近园、无锡明王氏故园、石圹湾孙氏祠假山），此山更为突出。网师园假山亦佳，似为同时期稍晚作品。戈氏叠山以土辅之，山巅能植大树，此山与常熟燕园皆然，惜主山老枫已朽。

移山缩地，为造园家之惯技，而因地制宜，就地取材，择景模拟，叠石成山，则因人而别，各抒其长。环秀山庄仿自苏州阳山大石山[5]，常熟燕园摹自虞山，扬州意园略师平山堂麓，法同式异，各具地方风格。再如苏州网师园之山池，其蓝本乃虎丘白莲池，实同一例。环秀山庄无景可借，洞壑深幽，小中见大；而燕园借景虞山，燕谷石壁，俨如山麓；意园点石置峰，平远舒卷。园以景胜，景因园异。大匠不以式囿人，而能信手拈来，法存其中，皆成妙构。

环秀山庄假山，允称上选，叠山之法具备。造园者不见此山，正如学诗者未见李、杜，诚占我国园林史上重要之一页。

我每过苏州，必登此假山。去冬与王西野、邹宫伍二

同志作数日盘桓，范山模水，征文考献，各抒己见，乃就
鄙意为此文。

1　蒋楫，字济川，清乾隆时官刑部员外郎十年。兄曰梅，官户部郎中；
　　恭棐，官翰林，撰有《飞雪泉记》。诸蒋中楫家最饶。

2　据袁枚《小仓山房续集》卷三十二《太子太保文渊阁大学士一等公
　　孙公神道碑》，孙士毅，字智治，号补山，谥文靖，杭州人。叶铭《广
　　印人传》："文靖孙均字古云，袭伯爵，官散秩大臣，工篆刻，善花卉。
　　中年奉母南归，侨寓吴门，所交多名流，极文酒之盛。"钱泳《履园
　　丛话》卷十二"堆假山"条："近时有戈裕良者，常州人，其堆法尤
　　胜于诸家，如仪征之朴园、如皋之文园、江宁之五松园、虎丘之一榭园，
　　又孙古云家厅前山子一座，皆其手笔。"戈氏创叠石钩带联络，如造
　　环桥法。见同书同卷。

3　冯桂芬《耕荫义庄记》："相传即宋时乐圃，后为景德寺，为学道书院，
　　为兵巡道署，为申文定公宅。乾隆以来，蒋刑部楫、毕尚书沅、孙
　　文靖公士毅迭居之。东偏有六小园，奇礓寿藤……"道光二十九年
　　（1849）立义庄。

4　钱泳《履园丛话》卷二十"燕谷"条："燕谷在常熟北门内令公殿

214

右。前台湾知府蒋元枢所筑。后五十年，其族子泰安令因培购得之，倩晋陵（常州）戈裕良叠石一堆，名曰燕谷。园甚小，而曲折得宜，结构有法。余每入城，亦时寓焉。"

5　环秀山庄在清初曾为阳山巨富朱氏宅园，入口小弄原名阳山朱弄，今讹为杨三珠弄。

# 苏州沧浪亭

人们一提起苏州园林，总感到它封闭在高墙之内，窈然深锁，开畅不足。当然这是受历史条件所限，产生了一定的局限性。但古代的匠师们，能在这个小天地中创造别具风格的宅园，间隔了城市与山林的空间；如将园墙拆去，则面貌顿异，一无足取了。苏州尚有一座沧浪亭，也是大家所熟悉的名园。这座园子的外貌，非属封闭式。因葑溪之水，自南园萦回曲折，过"结草庵"（该庵今存白皮松，巨大为苏州之冠）涟漪一碧，与园周匝，从钓鱼台至藕花水榭一带，古台芳榭，高树长廊，未入园而隔水迎人，游者已为之神驰遐想了。

沧浪亭是个面水园林，可是园内则以山为主，山水截然分隔。"水令人远，石令人幽"，游者渡平桥入门，则山

苕溪蓉园

沧浪亭

绕园复廊，
间以花窗，
似隔非隔

沧浪亭

218

窗外古树

沧浪亭

严林肃，瞿然岑寂，转眼之间，感觉为之一变。园周以复廊，廊间以花墙，两面可行。园外景色，自漏窗中投入，最逗游人。园内园外，似隔非隔，山崖水际，欲断还连。此沧浪亭构思之着眼处。若无一水萦带，则园中一丘一壑，平淡原无足观，不能与他园争胜。园外一笔，妙手得之，对比之运用，"不着一字，尽得风流"。

园林苍古，在于树老石拙，唯此园最为突出；而堂轩无藻饰，石径斜廊皆出于丛竹、蕉荫之间，高洁无一点金粉气。明道堂闳敞四合，是为主厅。其北峰峦若屏，耸然出乔木中者，即所谓沧浪亭。游者可凭陵全园，山旁曲廊随坡，可凭可憩。其西轩窗三五，自成院落，地穴门洞，造型多样；而漏窗一端，品类为苏州诸园冠。

看山楼居园之西南隅，筑于洞曲之上，近俯南园，平畴村舍（今已皆易建筑），远眺楞伽七子诸峰，隐现槛前。园前环水，园外借山，此园皆得之。

园多乔木修竹，万竿摇空，滴翠匀碧，沁人心脾。小院兰香，时盈客袖，粉墙竹影，天然画本，宜静观，宜雅游，宜作画，宜题诗。从宋代苏子美、欧阳修、梅圣俞，直到近代名画家吴昌硕，名篇成帙，美不胜收，尤以沧浪亭最早主人苏子美的绝句，"夜雨连明春水生，娇云欲暖弄微晴。

220

绿竹、芭蕉

沧浪亭

221

帘虚日薄花竹静，时有乳鸠相对鸣"，最能写出此中静趣。

　　沧浪亭是现存苏州最古的园林，五代钱氏时为广陵王元璙池馆，或云其近戚吴军节度使孙承佑所作。宋庆历间苏舜钦（子美）买地作亭，名曰"沧浪"，后为章申公家所有。建炎间毁，复归韩世忠。自元迄明为僧居。明嘉靖间筑妙隐庵、韩蕲王祠。释文瑛复子美之业于荒残不治之余。清康熙间，宋荦抚吴重修，增建苏公祠以及五百名贤祠（今明道堂西），又构亭。道光七年（1827）重修，同治十二年（1873）再重建，遂成今状。门首刻有图，为最有价值的图文史料。园在性质上与他园有别，即长时期以来，略似公共性园林，官绅宴宴，文人雅集，胥皆于此，宜乎其设计处理，别具一格。

# 扬州片石山房

—— 石涛叠山作品

　　石涛是我国明末杰出的一个大画家。他在艺术上的造诣是多方面的，书画、诗文以及画论都达到高度境界，在当时起了革新的作用。在园林建筑的叠山方面，他也很精通。《扬州画舫录》《扬州府志》及《履园丛话》等书，都说到他兼工叠石，并且在流寓扬州的时候，留下了若干假山作品。

　　扬州石涛所叠的假山，据文献记载有两处。其一，万石园。《扬州画舫录》卷二："释道济字石涛……兼工累石，扬州以名园胜，名园以累石胜，余氏万石园出道济手，至今称胜迹。"嘉庆重修《扬州府志》卷三十："万石园汪氏旧宅，以石涛和尚画稿布置为园，太湖石以万计，故名万石。中有樾香楼、临漪槛、援松阁、梅舫诸胜，乾隆间石归康山，遂废。"其二，片山石房。《履园丛话》卷二十："扬州新城花园巷又有片石山房者，二厅之后，潋以方池。池上有太湖石山子一座，高五六丈，甚奇峭，相传为石涛和尚手笔。"万石园因多见于著录，大家比较熟悉，可是早毁于乾隆间，而利用该园园石新建的康山今又废，因此现已无痕迹可寻。唯一幸存的遗迹，便是这次我发现的片石山房了。

近年来，我在扬州对古建筑与园林住宅作较全面的调查研究。在市区东南隅花园巷东尽头旧何宅内，有倚墙假山一座，虽然面积不大，池水亦被填没，然而从堆叠手法的精妙，以及形制的古朴来看，在已知的现存扬州园林中，应推其年代最早，其时间当在清初，确是一件不可多得的精品。现在从其堆叠的手法分析，再证以钱泳《履园丛话》的记载，传出石涛之手是可征信的，确是石涛叠山的"人间孤品"。

假山位于何宅的后墙前，南向，从平面看来是一座横长的倚墙假山。西首为主峰，迎风耸翠，奇峭迫人，俯临水池。度飞梁经石磴，曲折沿石壁而达峰巅。峰下筑方正的石屋（实为砖砌）二间，别具一格，即所谓"片石山房"。向东山石蜿蜒，下构洞曲，幽邃深杳，运石浑成。可惜洞西已倾圮，山上建筑亦不存，无从窥其全璧。此种布局手法，大体上仍沿袭明代叠山的惯例，不过石涛加以重点突出，主峰与山洞都更为显著，全局主次格外分明，虽地形不大，而挥洒自如，疏密有度，片石峥嵘，更合山房命意。

扬州属江淮平原，附近无山。园林叠山的石料，必仰给于他地，如苏州、镇江、宣城、灵璧等处。有湖石、黄石、雪石、灵璧石等，品类较苏州所用者为最多。因为扬州主要依靠水路运输，石料不能过大，所以在堆叠时要运用高度的技巧。石涛所叠的万石园，想来便是以小石拼凑而成山的。片石山房的假山，在选石上用过很大的功夫，然后将石之大小按纹理组合成山，运用了他自己画论上"峰与皴合，皴自峰生"（《苦瓜和尚画语录》）的道理，叠成"一峰突起，连冈断堑，变幻顷刻，似续不续"（石涛论画见《苦瓜小景》）的章法。因此虽高峰深洞，了无斧凿之痕，而皴法的统一，虚实的对比，全局的紧凑，非深通画理又能与实践相结合者不能臻此。此种做法，到后期因不能掌握得法，便用条石横排，以小石包镶，矫揉造作，顿失自然之态。因为石料取之不易，一般水池少用石驳岸，在叠山上复运用了岩壁的做法，不但增加了园林景物的深度，且可节约土地与用石，至其做法，则比苏州诸园来得玲珑精巧。其他主峰、洞曲、磴道、飞梁与步石等的安排，亦妥帖有致。钱泳《履园丛话》卷十二："堆假山者，国初以张南垣为最。康熙中则有石涛和尚，其后则仇好石、董道士、王天于（从周按：应作王庭余）、张国泰皆妙手。近时有戈裕良者，常州人，其堆法尤胜于诸家。"戈裕良比石涛稍后，为乾嘉时著名叠山家。他的作品有很多就运用了这些手法。从他的作品——苏州环秀山庄、常熟燕园（扬州秦氏意园小盘谷，亦戈氏黄石叠山小品，惜仅存残迹），可看出戈氏能在继承中再提高。由于他掌握了石涛的"峰与皴合，皴自峰生"的道理，因而环秀山庄深幽多变，以湖石叠成；而燕园则平淡天真，以黄石掇成。前者繁而有序，深幽处见功力，如王蒙横幅；后者简而不薄，平淡处见蕴藉，似倪瓒小品。盖两者基于用石之不同，因材而运技，形成了不同的丘壑与意境。如果说石涛的叠山如其画，亦为一代之宗师，启后世之先声，恐亦非过誉。

如今再研究钱泳《履园丛话》所记片石山房地址，也是相合的。二厅今存其一，系面阔三间的楠木厅，其建筑年代当在乾隆间。池虽填没，然其湖石驳岸范围尚在，山石品类用湖石，更复一致。山峰出围墙之上，其高度又能仿佛，而叠山之妙，独峰耸翠，确当得起"奇峭"二字。

综上则与文献所示均能吻合。案石涛晚年流寓扬州，傅抱石著《石涛上人年谱》所载，石涛从清康熙三十六年（1697）六十八岁起，到康熙四十六年（1707）七十八岁殁，一直没有离开扬州。就是在 1678 年至 1697 年前后八九年的时间*中，也常来扬州。书画上所署的大涤草堂、青莲草阁、耕心草堂、岱瞻草堂、一枝阁等，都是在扬州时，除平山堂、净慧寺二处外所常用的斋名。复据五十八岁（1687）所作黄海云涛题语："时丁卯冬日，北游不果，客广陵大树下……"六十九岁（1698）所作澄心堂尺幅轴款云："戊寅冬月，广陵东城草堂并识。"七十岁（1699）所作《黄山图卷跋》云："劲庵先生游黄山还广陵，招集河下，说黄山之胜……己卯又七月。"案片石山房在城东南，其前为南河下，东为北河下，后有巷名大树巷。今虽不能确指东城即今市区东部（亦即扬州新城东部），但河下即南河下或北河下，大树下即大树巷。要之，石涛当时居停处，可能一度在花园巷附近。他生于明崇祯三年（1630），殁于清康熙四十六年（1707），葬于蜀冈之麓（据友人扬州

* 此处疑为作者笔误，据相关资料，石涛在定居扬州之前，从 1687 年左右便频繁活动于扬州，故此处应为"1687 年至 1697 年前后十年的时间"。

牙刻家黄汉侯说，石涛墓在平山堂后，其师陈锡蕃画家在世时，尚能指出其地址，后渐湮没）。而钱泳则生于乾隆二十四年（1759），殁于道光二十四年（1844）。从1759年上推至1707年，为时仅五十二年，论时间并不太久。再者钱泳是一个多面发展的艺术家，在园林与建筑方面有很独到的见解，尤其可贵的是对当时各地的一些名园，都亲自访观过，还做了记录，不失为我们今日研究园林史的重要资料。他亦流寓过扬州，名胜与园林的匾额有很多为他所写，今扬州的二分明月楼额，即出钱泳笔。因此他的记载比一般人的笔记转录传闻的要可靠得多，一定是有所根据的。再以石涛流寓扬州的时期而论，这片石山房的假山，应该属于他晚年的作品，时间当在清初了。

从以上所述实物与文献的参证，可以初步认为片石山房的假山出石涛之手，为今日唯一的石涛叠山手迹，也是我们此次扬州调查所知的现存最早假山。它不但是叠山技术发展过程中的重要证物，而且又属石涛山水画创作的真实模型。对研究园林艺术来说，它的价值是可以不言而喻的。[1]

作者注

1   1820 年刊酿花使者纂著《花间笑语》谓："片石山房为廉使吴之黼（字
    竹屏）别业，山石乃牧山僧所位置，有听雨轩、瓶櫑斋、蝴蝶厅、梅楼、
    水榭诸景，今废，只存听雨轩、水榭，为双槐茶园。"此说较迟，乃酿
    花使者小游扬州时所记，似为传闻之误。

# 泰州乔园

泰州是仅次于扬州的一个苏北大城市，以商业与轻工业为主，在历史上复少兵灾，因此古建筑园林与文物保存下来视他市较多，如南山寺五代碑座，明代的天王殿及正殿，正殿建于天顺七年癸未（1463），在大木结构上，内外柱皆等高，脊檩下用叉手，犹袭元以前的建筑手法。明隆庆间的蒋科住宅楠木大厅、明末的宫宅大厅，现状尚完整。其他如岱山庙的唐末铜钟、宋铜像等，前者款识为"同光"，后者为宋崇宁五年（1106）及宋靖康元年丙午（1126）所造。园林则推"乔园"。

乔园在泰州城内八字桥直街，系明代万历间官僚地主太仆陈应芳所建，名曰涉园，取晋陶潜《归去来兮辞》中"园日涉以成趣"之意名额。应芳名兰台，著有《日涉园笔记》。

园于清康熙初归田氏，雍正间为高氏所有，更名三峰园，咸丰间属吴文锡（字莲香），名蛰园，旋入两淮盐运使乔松年（字鹤侪）手，遂以"乔园"名。在高凤翥（字麓庵）一度居住时期，曾由李育（字某生）作园图，周庠（字西笒）绘园四面景图，则在道光五年（1825）。咸丰九年己未（1859）吴文锡复修是园后，又作《蛰园记》。从记载中分别可以看到当时的园况。此园为今存苏北地区最古的园林。

"乔园"在其盛时范围甚大，除园林外尚拥携有大住宅，这座大住宅是屡经扩建及逐步兼并形成的。从这里可以看出，明代中叶以后官僚地主向农民剥削加深的具体反映。今日园之四周住宅部分，虽难观当日全貌，然明代厅事尚存四座，其中一座还完整。

园南向，位于住宅中部，三峰园时期有十四景之称：一、皆绿山房；二、绠汲堂；三、数鱼亭；四、囊云洞；五、松吹阁；六、山响草堂；七、二分竹屋；八、因巢亭；九、午韵轩；十、来青阁；十一、莱庆堂；十二、蕉雨轩；十三、文桂舫；十四、石林别径。今虽已不能窥见其全豹，但根据今日的规模，是不难复原的。

园以山响草堂为中心，其前水池如带，山石环抱，正峙三石笋，故又名三峰草堂。山麓西首壁间嵌一湖石，宛如漏窗，殆即《蛰园记》所谓具"皱、透、瘦"者。池上横小环洞桥及石梁，过桥入洞曲，名囊云，曲折蜿蜒山间。主山则系三峰所在，其南原有花神阁，今废。阁前峰间古柏桧一株，正《蛰园记》所谓"瘿疣累累，虬枝盘挐，洵前代物也"，实为园中最生色之处，同时亦为泰州古木之尤者。山巅东则为半亭，案旧图记无此建筑，似属后造。西度小飞梁跨幽谷达数鱼亭，今圮，遗址尚存。亭旁原有古松一株，极奇拙，已朽。山响堂之北，通花墙月门，垒黄石为台，循迂回的石磴达正中之绠汲堂，堂四面通敞，左顾松吹阁，右盼因巢亭。今阁与亭名存而实非。绠汲堂翼然临虚，周以花坛丛木，修竹古藤，山石森然，丘壑独存，虽点缀无多，颇曲尽画理，是一园中另辟蹊径的幽境。

"乔园"今存部分，与文献图录相对照，已非全貌。然就现状来看，在造园艺术上尚有足述的地方。

在总体布局上，以山响堂为中心，其前凿池叠山以构成主景。后部辟一小园，别具曲笔，使人于兴尽之余，又入佳境。这两者不论在大小与隐显以及地位高卑上，皆有显著不同的感觉，充分发挥了空间组合上的巧妙手法。至于厅事居北，水池横中，假山对峙，洞曲藏岩，石梁卧波等，用极简单的数事组合成之，不落常套，光景自新，明代园林特征就充分体现在这种地方。此园以东南西北四个风景面构成，墙外楼阁是互为"借景"。游览线以环形为主，山巅与洞曲又形成上下不同的两条游径，并佐以山麓崖道及小桥步石等歧出之，使规则的主线更具变化。

叠山方面，此园在运用湖石与黄石两种不同的石料上，有统一的选择与安排。泰州为不产石之地，因此所得者品类不一，而此园在堆叠上使人无拼凑之感。在池中水面以下用黄石，水面以上用体形较多变化的湖石。在洞中下脚用黄石，其上砌湖石。在石料不足时，则以砖拱隧道代石洞，它与石构者是利用山洞的小院作过渡，一无生硬相接之处。若干处用砖墙挡土，外包湖石，以节省石料。以年份而论，山洞部分皆明代旧物，盖砖拱砌法以及石洞的大块"等分平衡法"（见《园冶》），其构造既有变化又复浑融一片，无斧凿之痕可寻，洵是上乘的作品，可与苏州明代旧园之一的五峰园山洞相颉颃，为今日小型山洞中不可多得的佳例。至于山中砖拱隧道，则尤为罕见。主峰上立三石笋，与古柏虬枝构成此园之主要风景面，一反前人以石笋配竹林的陈例。山下以水池为辅，曲折具不尽之意。以崖道、桥梁与步石等酌量点缀其间，亦能恰到好处。这些在苏北诸园中未见有此佳例。此种叠山艺术的消息，清代仅石涛与戈裕良的作品中尚能见之，并有所提高。

花木的配置以乔木为主，古柏重点突出，辅以高松、梅林。山坳水曲则多植天竹。庭前栽蜡梅、丛桂，厅周荫以修竹、芭蕉，花坛间布置牡丹、芍药，故建筑物的命名遂有皆绿山房、松吹阁、蕉雨轩等。至于其所形成四季景色的变化，亦因此而异。最重要的是此类植物的配合，是符合中国古代画理的，当然在意境上，还是从幽雅清淡上着眼，如芭蕉分绿，疏筠横窗，天竹蜡梅、苍松古柏交枝成图，相掩生趣，皆古画中的粉本，为当时士大夫所乐于欣赏的。山间以书带草补白，使山石在整体上有统一的色调。这样在若干堆叠较生硬与堆叠不周到处能得以藏拙，全园的气息亦较浑成，视苏南园林略以少量书带草作补白者，风格各殊。此种手法为苏北园林所习用，对今日造园可作借鉴。宋人郭熙说"山以水为血脉，以草木为毛发，以烟云为神采"（《林泉高致》）便是这个道理。

总之，"乔园"为今日泰州仅存的完整古典园林，亦是苏北已知的最古老的实例，在中国园林研究中，以地区而论，它有一定的代表性。

# 常熟园林

常熟毗邻苏州，园林所存其数亦多，为今日研究江南园林重要地区之一。现在将调查所得介绍于下：

燕园：位于城内辛峰街，又名"燕谷园"。本蒋氏所构。钱叔美作《燕园八景图》。咸丰间属归氏，清末归《续孽海》作者张鸿（燕谷老人）。在常熟诸园中规模属于中型，但保存较为完整，为今日常熟诸园中的硕果。

这园的平面狭长，可分为东、西、北三部分。我们从冷僻的辛峰街上一个小石库门入园，门屋五间北向，其西长廊直向北。稍进复有东西向之廊横贯左右，将这一区划分为二。循廊至东部系一小池，池旁耸立假山，山南书斋四间，极饶幽趣。池水沿山绕至书斋旁，曲折循山势如环抱状，上架三曲石桥，桥复有廊。山间立峰，其形多类猿猴，或与苏州狮子林之命意同出一曰。山下水口曲折，势若天成，实为佳构。山巅白皮松一本，高达数丈，虬枝映水，玉树临风。池北西向建一楼，登楼可望虞山。楼旁为花厅三间，是前后二区间极好的过渡。自花厅旁上砖梯登阁，阁八边形，亦西向，今废，用意与楼相同。梯后杂置修竹数竿，成为极好的留虚办法。阁下假山二区，上贯石梁，山下有洞，题名"燕谷"，曲折可通。洞内有水流入，上点"步石"，巧思独运。这处假山虽运用黄石，而叠砌时，并不都用整齐的横向积叠，凹凸富有变化，故觉浑成。尤其山巅植松栽竹，宛若天生，在树艺一方面有其特有之成就，是值得研究的。在此小范围中，虽曲折深幽略逊苏州环秀山庄，但能独辟蹊径，因地制宜，仿佛作画布局新意层出，不落前人窠臼。传假山与苏州环秀山庄同出戈裕良之手（钱泳《履园丛话》"燕谷"条："前台湾知府蒋元枢所筑。后五十年，其族子泰安令因培购之，倩晋陵戈裕良叠石一堆，名曰燕谷。园甚小，而曲折得宜，结构有法。"），从设计手法看，似可征信。山后为内厅三间，庭前古树成荫，是主人住处。其旁西向有旱船一，今已废。观其址，其间亦小有曲折。厅西为长廊直通园门。

园以整体而论,将狭长地形划分为三区。入门为一区,利用直横二廊以及其后的山石,使人入园有深邃不可测之感。东折小园一方, 山石嶙峋, 又别有天地。尤可取的,是从小桥导入山后的书斋, 更为独具曲笔。后部内屋又以假山中隔, 两处遥望, 则觉庭院深深, 空间莫测。

赵园:位于西门彭家场,又名"赵湖园",旧名"水吾园"。清代同光间为赵烈文别业,易名赵湖园,其后归武进盛宣怀。盛氏改为宁静莲社,供僧侣居之。新中国成立后为常熟县立师范校址。

园以一大池为主,其西南两面周以游廊, 缀以水阁。旱船在池的南端,其前有九曲桥可导至池中小岛。岛西有环洞桥, 园外水即自此入内。北有水轩三间, 面临小岛。南面廊外原有小院一区, 东面亦有建筑物, 皆已不存。今池水因辟操场有所填没, 面积已较从前大减。

以今日所存推想当日情况,设计时运用园外活流进入池中,以较辽阔的水面与回廊、平冈相配合,并以园外虞山为借景,引山色入园,实能从大处着眼深究借景的。

虚廓园:又名虚廓居,在九万圩西, 即明代钱岱(秀

常熟赵园

峰）小辋川废址的一部分，光绪年刑部郎中曾之撰（曾朴之父）所建。入门水榭三间，其前池水透迤，度九曲桥至荷花厅，坐厅中，可眺虞山。厅后小院一方，植山茶数本。东折又有一院，均曲折有度，为此园今日最完整处。东首残留假山废墟，其间的廊屋亭台皆已不存。西部为曾氏住宅，系洋楼三间，满攀藤萝，其前植各种月季数千本，今皆不存，而红豆一树尤为园中珍木。

此园陆与水的面积相近，空间也较辽阔，变化比赵湖园为多，可惜除小院二区尚有其旧外，余仅能依稀得之。今为常熟县立师范宿舍。

壶隐园：在西门西仑桥，明左都御史陈察旧第。嘉庆十年(1805)，吴竹桥礼部长君曼堂得之（见钱泳《履园丛话》"壶隐园"条），后归丁祖荫（芝荪）。园前建有藏书楼。

园甚小，有池一，池背小山上建三层楼，白皮松数竿，苍翠入画。人坐园中，视线穿古松高阁，但见虞山在后若屏，尽入眼底。此园特色是假山较低，点缀园内，其用意或是烘托虞山。

顾氏小园：位于环秀街。原为明钱岱故宅一部分，清为顾葆和所有，名"环秀居"。厅南小院置湖石杂树，楚楚有致。厅北凿大池，隔池置假山，山下洞壑深幽，崖岸曲折，似仿太湖风景。山上白皮松一株，古拙矫挺。厅东原有廊可通至假山，今已不存。假山后虞山如画，成为极妙的借景。厅建于明末，施彩绘，有木制瓣形柱与櫺，在苏南尚属初见。

此园布局仅用一大池，崖岸一角，招虞山入园，简劲开朗，以少胜多，在苏南仅此一例。


澄碧山庄：在北门外，原为沈氏别业。传沈氏佞佛，故此园精舍独佳。今已为小学校舍。池水仅留数方，假山但存一角，其布局似与赵园相仿而略小。厅前小院一角，海棠二本扶苏接叶，而曲廊外虞山全貌几全入园中，为此园最佳处。


东皋：在镇海门外。又名"瞿园"。系明代瞿汝说所构，子式耜又有增修。今建筑都非旧物，仅存花厅一，其前凿小池，旁有廊可通至池南假山，古木一二，犹是数百年前旧物。

常熟拂水山庄

241

庞氏小园：在荷香馆。花厅三间南向，厅前东侧倚墙建小亭，亭隐于假山中。厅后有一小池，其上贯以三曲小桥。岸北原有假山建筑物，今已不存。

市图书馆小园：在县南街。小园半亩，在极有限的地面上满布亭台山石。其布局中心为一小池，四周假山较高，仿佛一个深渊。沿墙环以游廊，北面置一旱船，仅前舱一部分。旁筑一极小的半亭，池上覆以三曲桥。此外尚有西半亭、东亭等，结构似觉拥挤，但在如此窄狭的范围内经营，亦是煞费苦心的。

之园：在荷香馆。又名"九曲园"，园系翁同龢之侄曾桂所构，今已改建为医院。其中荷池狭长，水自城河中贯入，涓涓清流，自多生意，而榆柳垂荫，曲廊映水，较他园更饶空旷之感。

城隍庙小园：常熟县城隍庙在西门大街，今为县人民政府。园北墙下叠山，山不高，用来陪衬虞山。山下小池曲折，池旁列湖石，水中倒影，历历如画。池中原有石舫一，今已毁。

常熟园林与苏州同一体系，因两县的自然条件与经济文化条件相似，其设计方法，自然相近了。但在实际应用时，原则虽同，又因当地的地形与环境有其特殊性而有所出入。常熟为倚山之城，其西部占虞山的东麓，因此城内造园均考虑到对这一自然景色的运用。其运用可分为两种。第一种，如赵园、虚廓园等，园内水面较广，衬以平冈小阜，其后虞山若屏，俯仰皆得。其周围筑廊，间以漏窗，园外景物，更觉空灵。第二种，如燕园、壶隐园，园较小，复间有高垣，无大水可托。其"借景"之法，则别出心裁，园内布局另出新意。其法是在园内建高阁，下构重山，山巅植松柏丛竹。登阁凭栏可远眺虞山，俯身下瞰则幽壑深涧，丛篁虬枝，苍翠到眼。

总之，常熟县城，在利用自然的地形上，构成了不规则的城市平面，而作为民居建筑的一部分——园林，复能结合自然环境，利用人工景物，将天然山色组织到居住区域中，实在是今日建筑设计工作者应当学习的地方。

# 上海的豫园与内园

豫园与内园皆在上海旧城区城隍庙的前后，为上海目前保存较为完整的旧园林。上海市文化局与文物管理委员会十分重视这个名园，除加以管理外，并逐步进行了修整，给人口密度最多的地区以很好的绿化环境，作为广大人民游憩的地方，充分发挥了该园的作用。近年来我参与此项工作，遂将所见，介绍于后：

一、豫园是明代四川布政使上海人潘允端为侍奉他的父亲明嘉靖间尚书潘恩所筑，取"豫悦老亲"的意思，名为豫园。从明朱厚熜（世宗）嘉靖三十八年（1559）开始兴建，到明朱翊钧（神宗）万历五年（1577）完成，前后花了十八年工夫，占地七十余亩，为当时江南有数的名园（潘宅在园东安仁街梧桐路一带，规模甲上海，其宅内五老峰之一，今在延安中路旧严宅内）。十七世纪中叶，潘氏后裔衰落，园林渐形荒废。清弘历（高宗）乾隆二十五年（1760），该地人士集资购得是园一部分，重行整理。当时该园前面已在清玄烨（圣祖）康熙四十八年（1709）筑有"内园"，二园在位置上所在不同，就以东西园相呼，豫园在西，遂名"西园"了。清道光间，豫园因年久失修，当时地方官曾通令由各同业公所分管，作为议事之所，计二十一个行业各处一区，自行修葺。旻宁（宣宗）道光二十二年（1842）鸦片战争时，英兵侵入上海，盘踞城隍庙五日，园林遭受破坏。其后奕詝（文宗）咸丰十年（1860），清政府勾结帝国主义镇压太平天国革命，英法军队又侵入城隍庙，造成更大的破坏。清末园西一带又辟为市肆，园之本身益形缩小，如今附近几条马路如凝晖路、船舫路、九狮亭等，皆因旧时凝晖阁、船舫厅、九狮亭而得名。

豫园今虽已被分隔，然所存整体，尚能追溯其大部分。上海市的新规划，将来是要将它合并起来的。今日所见豫园是当年东北隅的一部分，其布局以大假山为主，其下凿池构亭，桥分高下。隔水建阁，贯以花廊，而支流弯转，折入东部，复绕以山石水阁，因此山水皆有聚有散，主次分明，循地形而安排，犹是明代造园的一些好方法。

萃秀堂是大假山区的主要建筑物，位于山的东麓，系面山而筑。山积土累黄石而成，出叠山家张南阳之手，为江南现存最大黄石山。山路泉流纡曲，有引人入胜之感。自萃秀堂绕花廊，入山路，有明祝枝山所书"溪山清赏"的石刻，可见其地境界之美。达巅有平台，坐此四望，全园景物坐拥而得。其旁有小亭，旧时浦江片帆呈现槛前，故名望江亭。山麓临池又建一亭，倒影可鉴。隔池为"仰山堂"，系二层楼阁，外观形制颇多变化，横卧波面，倒影清晰。水自此分流，西北入山间，谷有瀑注池中。向东过水榭绕万花楼下，虽狭长清流，然其上隔以花墙，水复自月门中穿过，望去觉深远不知其终。两旁古树秀石，阴翳蔽日，意境幽极。银杏及广玉兰扶疏接叶，银杏大可合抱，似为明代旧物。大假山以雄伟见长，水池以开朗取胜，而此小流又以深静颉颃前二者了。在设计时尤为可取的，是利用清流与复廊二者的联系，而以水榭作为过渡，砖框漏窗的分隔与透视，顿使空间扩大，层次加多，不因地小而无可安排。

小溪东向至点春堂前又渐广（原在点春堂前西南角建有洋楼，1958年拆除，重行布置）。"凤舞鸾鸣"为三面临水之阁，与堂相对。其前则为和煦堂，东面依墙，奇峰突兀，池水潆回，有泉瀑如注。山巅为快阁，据此东部尽头西眺，大假山又移置槛前了。山下绕以花墙，墙内筑静宜轩。坐轩中，漏窗之外的景物隐约可见，而自外内望又似隔院楼台，莫穷其尽。点春堂弯沿曲廊，可导至情话室，其旁为井亭与学圃。学圃亦踞山而筑，山下有洞可通。点春堂，在清奕詝（文宗）咸丰三年（1853）上海人民起义时，小刀会领袖刘丽川等解放上海县城达十七个月，即于此设立指挥所，因此也是人民革命的重要遗迹。

二、内园原称"东园"，建于清玄烨（圣祖）康熙四十八年（1709）。占地仅二亩，而亭台花木，池沼水石，颇为修整，在江南小型园林中，还是保存较好的。晴雪堂为该园主要建筑物，面对假山，山后及左右环以层楼，为此园之主要特色，有延清楼、观涛楼等。耸翠亭出小山之上，其下绕以龙墙与疏筠奇石。出小门为九狮池，一泓澄碧，倒影亭台，坐池边游廊，望修竹游鱼，环境幽绝。此池面积至小，但水自龙墙下洞曲流出，仍无局促之感。从池旁曲廊折回晴雪堂。观涛楼原可眺黄浦江烟波，因此而定名，今则为市肆诸屋所蔽，故仅存其名了。

清代造园，难免在小范围中贪多，亭台楼阁，妄加拼凑，致缺少自然之感，布局似欠开朗。内园显然受此影响，与豫园之大刀阔斧的手笔，自有轩轾。然此园如九狮池附近一部分，尚曲折有致，晴雪堂前空间较广，不失为好的设计。

总之，二园在布局上有所差异，但局部地方如假山的堆砌，建筑物的零乱无计划，以及庸俗的增修，都是清末叶各行业擅自修理所造成的后果。今后在修复工作中，还是要留心旧日规模，去芜存菁，复原旧观才是。

其他如大荷池、九曲桥、得月楼、环龙桥、玉玲珑湖石、九狮亭遗址等，均属豫园所有，今皆在市肆之中，故不述及。（作者按：在1958年的兴修中，玉玲珑湖石及九狮亭、得月楼等皆复原，并在中部开凿了大池。）

# 嘉定秋霞圃和海宁安澜园

## 秋霞圃

　　江南一带是明、清私家园林最集中的地方。自明嘉靖以后，士大夫阶级生活日趋豪华，往往自建园林，寄情享乐，嘉定秋霞圃即建于此时。

　　秋霞圃在上海市嘉定城内城隍庙，创建于明嘉靖年间，到万历、天启时，又加以扩充修建。据同治《嘉定县志》卷三十所载，系当时尚书龚宏的住宅，因又称"龚氏园"。园中有数雨斋、三隐堂、松风岭、寒香室、百五台、岁寒径、洒雪廊等。到明末龚姓衰败了，由龚宏的曾孙龚敏行出售给安徽盐商汪姓，后又一度归还龚姓。清雍正四年（1726）又辗转由汪姓售与邑庙，后改称城隍庙后园，作了官僚地

即山亭

秋霞圃

秋霞圃

碧光亭

主酬神宴客及清谈娱乐的所在。从清初到中叶，中国园林已发达到了高峰，正如《扬州画舫录》所载的扬州地方，除奢侈华丽的盐商别墅外，连寺庙、书院、餐馆、歌楼、浴室等，都开池筑山，栽植花木，如青浦邑庙曲水园，上海邑庙豫园、内园，常熟城隍庙后园等。秋霞圃也就是在这时变为城隍庙后园的，可见当时的风尚了。

秋霞圃自作城隍庙后园后，住宅部分就改建为城隍庙。据张大复《梅花草堂笔谈》所说，"其后人（指汪姓）贫乃拆此宅"可知。这园的总平面为长方形，中间为一狭长水池。池北主要建筑为四面厅，名"山光潭影"。厅西有黄石假山一座，所叠石壁绝佳。山上筑亭名"即山"，登亭可俯瞰全园，远眺城乡。北部墙外原有环水，今已涸。假山下有洞名"归云"。山后北麓筑一轩名"延绿"，与四面厅相接连。隔水为大假山，积土缀湖石而成。曲岸断续，水口湾环，泉流仿佛出自山中，复汇于池内，又溢出于园外。临水断岸处则架以平桥，人临其上，宛如凌波，与对岸黄石假山临水手法，有异曲同工之妙。不过南岸以玲珑取胜，北岸则以浑成见长。因园外无景可借，故南北皆叠山，上植落叶乔木，疏密有致，身临其境，顿觉园林幽邃，不知尽端所在。这种山巅多植落叶乔木手法，在园林实例

一树秋

秋霞圃

中很多，如苏州的沧浪亭、留园等都是如此，不但气象开朗，而且景物变化亦大，春夏时浓郁，秋冬时萧疏，给人以不同季节的感觉。较之惯用常绿树的园林，风格有所不同。北岸临水有扑水亭，又名"宜六亭"，横卧波上，仰望山石嶙峋，又是一园的胜处。西部尽端有一组建筑物，面水为"丛桂轩"，其南为池上草堂。轩西南各有一小院，内置湖石、芭蕉、修竹等，是轩外极好留虚的地方。折东为旱船，名"舟而不游轩"，亦紧倚池旁。池东有堂名"屏山堂"，与丛桂轩互为对景。其前有三曲桥，曲折可通南部假山。堂左右缀以花墙，凝霞阁踞东墙外，登阁上则全园风景即在眼底。阁前月门内有枕琴石及亭。该处地面较低，似自成一区，远望仿佛为池，即所谓"旱园水做"的假象办法。

这园从整个来说，池面北部为四面厅及扑水亭等建筑衬托在北山之下，似以建筑为主，而南部则以大假山为主，以旱船为辅。用华丽与天然相对比，对比中又有变化。池水因园小，故用聚的方法，位于园西部中央，看上去仿佛是一园的中心，但复用曲岸石矶等形成聚中有分。为了不使水面分隔过小，桥皆设于池的四周；用环形交通线，系与园林用曲廊与曲径环绕同一办法。根据地形与水面的距离等情况，直中有曲、曲中有直，使两侧的风景面，在顾盼时略作转动变化。南北两岸是以山石和建筑物互为对景。从山石看来，以南面前后二座为主，而山坳中高林下的曲径，却是一个大手笔，这在江南私家园林中还不多见。北部则以建筑物为主，却用较小的黄石假山为辅。以建筑而论，应以北岸为主，以其体积及数量皆过于南部。池东西两侧，用小型建筑物互为呼应，而东部花墙外的凝霞阁又与西部互为借景。就苏南诸园而论，其设计手法仍属上选。江南私家园林在设计时，与假山隔水的建筑物，往往距山石不远。因为假山不高，其后复为高墙而无景可借，所以在较近的距离之下，仅见山的片断，即是深谷石矶、峰峦古木，亦皆成横披小卷；如墙外有景可借，则在平冈曲岸衬托之下，便是直幅长轴。此观苏州诸园与无锡、常熟诸园，便可分晓。前者墙外无景，后者有惠山与虞山可借。秋霞圃的水面狭长，使扑水亭较近南部假山，丛桂轩与旱船更近北部假山，延绿轩则又隐于山后，就是应用前者手法。叠山以时期而论，北部黄石假山结构浑成，石壁山洞的结构、山径的安排及亭的设置，略低于山巅平台等处理，皆为明代假山惯用手法，与上海豫园的手法相类似，应为明代嘉靖间原构，时间可能仿佛于豫园。而南部的湖

叠石

秋霞圃

漏窗

秋霞圃

石露土假山，屡经修建，已损坏甚多。该园原来还有很多建筑，见于记载的有籁隐山房、环翠轩、闲研斋、藻香室、枕流漱石轩、碧光亭、畅堂、临清室、大门等，今或不存，或已改建。东部花墙外，尚余立峰及花木，房屋则已改建校舍。西部则为园的主要部分，今假山、树木尚完整。

## 安澜园

1960 年 2 月，我与浙江省文物管理委员会朱家济同志赴浙江海宁盐官镇（旧海宁城）调查了安澜园遗址及陈宅建筑。返沪后，承陈赓虞先生出示其珍藏的《安澜园图》。按图与遗址相校勘，再征之文献，当时情况尚能仿佛。

安澜园为明、清两代江南名园之一。清弘历（乾隆）南巡六次，除第一次（乾隆十六年，1751）、第二次（乾隆二十二年，1757）两次未到海宁外，曾四次"驻跸"此园（乾隆二十七年，1762；乾隆三十年，1765；乾隆四十五年，1780；乾隆四十九年，1784）。乾隆二十七年第三次南巡后，并将安澜园景物仿造到北京圆明园中的"四宜书屋"前后，于乾隆二十九年（1764）建成，亦名其景为安澜园。[1] 如今二园俱废。

安澜园原系南宋安化郡王王沇故园[2]，明万历间，陈元龙的曾伯祖与郊（官太常寺少卿）就其废址开始建造。因园在海宁城的西北隅，以西北两面城墙为园界（园门地点今称北小桥），而陈与郊又号隅阳，所以用"隅园"命名，当地人则呼为"陈园"。"隅园"时期仅占地三十亩。从明代王穉登《题西郊别墅诗》"小圃临湍结薜萝"及"只让温公五亩多"之句来看，此园并不大。从明末崇祯间葛徵奇《晚眺隅园诗》"大小涧壑鸣""百道源相通"，陆嘉淑《隅园诗》"百顷涵清池"与"池阳台外水连天"等句来看，园之水面渐广，景物又胜于前了。到清初略受损坏［见徐灿《拙政园诗余集》（徐为陈之遴妻）］，雍正时已到"岁久荒废"的地步。[3]雍正十一年（1733），陈元龙八十二岁以大学士乞休归里，就"隅园"故址扩建，占地增至六十余亩，更名"遂初"，胤禛（雍正）赐书堂额"林泉耆硕"四字。从陈元龙的《遂初园诗序》来看，"园无雕绘，无粉饰，无名花奇石，而池水竹石"，以"幽雅古朴"见称，则还是保存了明代园林的特色。陈元龙活到八十五岁，殁于乾隆元年（1736），殁后其子邦直（官翰林院编修）园居近三十年［乾隆四十二年（1777）八十三岁去世］，在

259

乾隆二十七年第三次南巡时，"复增饰池台"，虽较遂初园时代华丽一些，不过尚是"以朴素当上意"[4]的。从乾隆二十七年到四十九年的二十二年中，园主为了讨好封建帝王与借此增加个人的享受，陆续添建，扩地至百亩，楼台亭榭增至三十余所。而园名则于乾隆第三次南巡时赐名"安澜园"[5]，因地近海塘，取"愿其澜之安"[6]的意思。因为封建帝王四次"驻跸"其间，复经陈氏的踵事增华，遂成为当时江南名园。沈三白《浮生六记》卷四谓："游陈氏安澜园，地占百亩，重楼复阁，夹道回廊，池甚广，桥作六曲形，石满藤萝，凿痕全掩，古木千章，皆有参天之势，鸟啼花落，如入深山，此人工而归于天然者。余所历平地之假石园亭，此为第一。曾于桂花楼中张宴，诸味尽为花气所夺。"这是乾隆四十九年八月所记，正是弘历第六次南巡、第四次到安澜园之后，即该园全盛时期。沈三白对园林欣赏有一定的见解，他对当时苏州名园之一的狮子林假山，还认为没有山林气势，而对这园的评价有如此之高，可以想见其造园艺术的匠心了。陈瑑卿于嘉庆末作《安澜园记》，描绘得相当细致[7]，是该园全盛时期结束开始衰落时的记录。到道光间，园渐衰废，陈其元《庸闲斋笔记》卷一记载："道光（八年）戊子（1828），余年十七，应戊子乡试，顺道经海宁观潮，并游庙宫及吾家安澜园，时久不南巡，只十二楼[8]新葺。此外，台榭颇多倾圮，而树石苍秀奇古，池荷万柄，香气盈溢。梅花大者天矫轮囷，参天蔽日，高宗皇帝诗所谓'园以梅称绝'者是也。厅中设御座……"管庭芬道光间《过陈氏安澜园感怀诗》有句云："残碣依然题薛字，闲阶到处长苔钱。""垣墉缺处补荆榛，竟有凫莺雉兔人。""回廊渐长野蔷薇，瓦压文窗草没扉。""尘凝粉壁留诗迹，风掠朱櫺任鸽飞。"该园已成"巴童不管游客恨，放鸭驱羊闹水涯"了。咸丰七、八年间（1857—1858）被毁，旋为其子孙拆卖尽。[9]同治间，陈其元重至该园时，据他所写的《庸闲斋笔记》卷一："同治癸酉（1873）重游是（安澜）园，已四十六载矣。……尺木不存，梅亦根株俱尽，蔓草荒烟，一望无际，有黍离之感。断壁间犹见袁简斋先生所题诗一绝云……以后则墙亦倾颓不能辨识矣。"这时的安澜园几乎全废了。据冯柳堂著《乾隆与海宁陈阁老》一书所载，及前辈郑晓沧教授所云：清末在该园一隅建达材高等小学，校舍原有盘根老树皆不存。校舍以外，丘陵起伏，桥池犹存，残垣有时剥去白垩，赫然犹是黄墙。民初园址辟为农场，尽成桑田。石之佳者又为邻园吴姓小园（吴芷香建）移去。今日我们只能见到部分土阜与零星黄石而已。水面亦被填塞一部分。六曲桥尚存，低平古朴，宛转自如，确是明代的遗物。至于弘历"御碑"已折断，易地置于断垣中。"筠香馆"一额亦系弘历"御笔"，边框制作成竹节状，甚精，现移悬于陈宅中。

《安澜园图》今传世的有乾隆三十六年（1771）所刊《南巡盛典》中的《安澜园图》。陈氏后裔陈赓虞先生所藏《陈园图》及钱镜塘先生藏《海宁陈园图》[10]，据朱启钤师及单士元先生说，闻故宫尚有藏本。清末海宁朱克勤先生曾有另一《安澜园图》，不知是否即钱镜塘先生的一本（一说为直幅）？钱本今藏浙江博物馆，与《陈园图》相似。如今根据遗址并陈元龙《遂初园诗序》、陈瑱卿《安澜园记》，与两图相勘校，皆能符合。《南巡盛典》所载《安澜园图》与陈元龙《遂初园诗序》中所记吻合，则是该园早期景状，还存遂初园时期的样子。其后经过乾隆三次"驻跸"其间，陈氏屡承"宠锡"，于是园林更修筑得讲究与豪华了。尤其乾隆四十九年（1784）弘历第六次南巡（第四次到安澜园），还带了他的十五子颙琰（嘉庆）、十一子永瑆及十七子永璘同到海宁，在《陈园图》中可以看到有太子宫的一组建筑，大约为当时皇子居住之处，其他更有"军机处"的一组行政性建筑，都是这图中突出的地方。再从

262

绘画笔调与原装用绫来看，亦属嘉庆间物，图中景物又复与陈堪卿所记相符，则《陈园图》之作是安澜园全盛时期后的写本，为今日研究安澜园的最具体与完整的资料了。至于乾隆四次到安澜园，每次皆有叠韵的即事诗六首，遍刻于"御碑"四面，亦涉及一些园中景物。此园借景其南的安国寺，寺旧有罗汉堂，康熙六年（1667）海宁人张行极建，造像亦精，弘历于乾隆三十九年（1774）曾仿造于承德外八庙。

陈氏在海宁城内的建筑，除安澜园与瓦石堰下老宅（陈元龙爱日堂）外，尚有其侄陈邦彦的春晖堂新宅等十处。今仅爱日堂尚存门厅一，及东路双清草堂与其后小厅三处。双清草堂为花厅，面阔三间，用四个大翻轩构成，在江浙是第一次见到；为当年陈元龙退居之处，额出陈奕禧手。厅后以廊与小厅三间相贯，今筦香馆额所在处，其间置湖石一区，颇楚楚有致。双清草堂西，今尚有罗汉松一株，大可合抱，似为明以前物。此宅临河，大门北向，居住部分皆倒置易为南向。门前尚留巨大旗杆，则为隔河康熙时杨雍建宅物。

作者注

1　见《日下旧闻考》卷八十二及清高宗御制《安澜园记》。

2　见《海昌胜迹志》。

3　玄烨（康熙）"南巡"时未至海宁。

4　见陈瑑卿《安澜园记》。

5　见《南巡盛典》卷一百〇五，乾隆二十七年高宗御制《驻跸陈氏
　　安澜园即事杂咏》六首。

6　见清高宗御制《安澜园记》。又，乾隆二十七年高宗御制《驻跸陈氏
　　安澜园即事杂咏》其六："安澜祝同郡。"

7　见《海昌胜迹志》。

8　十二楼为私家园林中仅见之例，钟大源《安澜园十六咏》有"一
　　月一登楼，栏干闲倚遍"句。

9　见管庭芬跋陈瑑卿《安澜园记》。

10　钱氏所藏《海宁陈园图》与陈赓虞先生所藏之图系同出一稿，钱
　　图似晚出。

# 恭王府与大观园

今年是《红楼梦》作者曹雪芹逝世二百周年纪念 *。记得前年冬天，与王昆仑、何其芳诸同志在北京调查什刹海附近恭王府的情形，其间景物，至今犹历历在目。

谈到恭王府的建筑，在北京现存诸王府中，布置最精，且有大花园，从建筑的规模来谈，一向有传说它是大观园。恭王府的布局，与一般王府没有什么大的不同，不过内部装修特精，为北京旧建筑中所少见的，如锡晋斋（有疑为贾母所居之处），便可与故宫相颉颃了。[1]花园中的蝠厅，

---

\* 此文撰于 1963 年，此处曹雪芹卒年据主流的"壬午"说，根据甲戌本的脂批"壬午除夕，芹为泪尽而逝"，推断出曹雪芹死于乾隆二十七年壬午除夕（公元 1763 年 2 月 22 日）。1963 年，文化部、中国文联、中国作协和故宫博物院联合举办了"曹雪芹逝世二百周年纪念展览会"。

平面如蝙蝠,故称"蝠厅"。居此厅中,自朝至暮皆有日照,可称是别具一格的园林厅事,而大戏厅则为可贵的戏剧史上的重要实例。

恭王府的建筑共三路,可分为前后二部,前为王府部分,大厅已毁,二厅即正房所在,其西有一组建筑群,最后的一进,便是悬"天香庭院"的垂花门,由此进入锡晋斋。这是王府的精华所在,院宇宏大,廊庑周接。斋为大厅事,其内用装修分隔,洞房曲户,回环四合,确是一副大排场。再后为约一百六十米的长楼及库房,其置楼梯处,堆以木假山,则又是仅见之例。其后为花园的正中,是最饶山水之趣的地方。其东有一院,以短垣作围,翠竹丛生,而廊回室静,帘隐几净,多雅淡之趣。院北为戏厅。最后亘于北墙下,以山作屏者即"蝠厅"。西部有榆关、翠云岭、湖心亭诸胜。这些华堂丽屋,古树池石,都使我们游者勾起了红楼旧梦。有人认为恭王府是大观园的蓝本,在无确实考证前,没法下结论。目前大家的意见,还倾向说"大观园"是一个南北名园的综合,除恭王府外,曹氏描绘景色时,对于苏州、扬州、南京等处的园林,有所借鉴与掺入的地方,成为"艺术的概括"。苏州的一些园林,曹氏自幼即耳濡目染。扬州是雪芹祖父曹寅官两淮盐运使的地方，今日大门尚存，从结构来看，还是乾隆时旧物。南京呢？曹氏世代为江宁织造，有人考证说大观园即隋园，亦似有其据。另外旧江宁织造署内尚悬有红楼一角的匾，或者也与《红楼梦》有些关系。

北京本多私家园林，以曹氏之显宦，曹雪芹不是见不到的。当时大学士明珠（纳兰性德之父）府第，在什刹海附近，亦是名园之一。曹家与纳兰家有往还，应该是没有问题的。叶恭绰先生跋张纯修（见阳）《楝亭（曹寅）夜话图咏》（纳兰性德殁后，曹寅与施世纶及张纯修话性德旧事）云："《红楼梦》一书，世颇传为记纳兰家事，又有谓曹氏自述者，此时顿令两家发生联系，亦言红学者所宜知也。"图中楝亭自题诗云："家家争唱饮水词，那拉心事几人知。布袍廓落任安在，说向名场此一时。"又云："而今触绪伤怀抱。"（与集裁句有出入）又纳兰性德"随驾南巡"，寓曹氏家衙。雪芹为《红楼梦》，虽自叙家世，亦必借材纳兰。如纳兰为侍卫，宝房中有弓矢；在纳兰词中，宝钗、红楼、怡红诸字屡见。又有和湘真词，似即红楼之潇湘妃子。那么雪芹在描写大观园景物时，对当时明珠府第安有不见之理，而不笔之于文的呢？今日有人建议以恭王府为曹雪芹纪念馆，用来纪念这一位历史上的大文学家，如能实现，也算得一件令人欣慰的事[2]。

作者注

1 俞同奎《伟大祖国的首都》"恭王府花园"条："花园在恭王府后身，府
系清乾隆时和珅之子丰绅殷德娶和孝固伦公主赐第。1799 年（清嘉庆
四年）和珅籍没，另给庆禧亲王为府第。约 1851 年（清咸丰间）改给
恭亲王，并在府后添建花园。园中亭台楼阁，回廊曲榭，占地很广，布
置也很有丘壑，私人园圃，尚不多见。"足证恭王府花园之建造年代。（但
据余实地勘查，府在乾隆前早有建筑，恭王府时所建园，当为今存云片
石所叠假山与若干亭廊轩之属，未可一言概之，皆为后期所建。）

2 参看拙作《恭王府小记》，载《红楼梦学刊》第二辑。

# 怡园图

浙江博物馆藏清焦秉贞画《怡园图》绢本巨幅[1]，为清初北京园林之珍贵资料，究园史者亟宜重视之。怡园为清康熙间大学士宛平王熙之园，其父王崇简官礼部尚书，著《青箱堂集》。园为清初北京名园，文人题咏之盛[2]，见于各家集中，《藤阴杂记》所谓"宾朋觞咏之盛，诸名家诗几充栋"可证。而张灯[3]一事，则更为谈赏园者所乐道，至乾隆间袁枚尚有诗及之[4]。

园在北京宣武门外米市胡同，跨连烂面诸胡同，极宏敞富丽（见《水曹清暇录》）。《宸垣识略》谓七间楼在东横街南半截胡同口，即怡园也，康熙中大学士王熙别业，相传为严分宜（嵩）别墅。又曰青箱堂在米市胡同关帝庙北，其园址可考者若此。怡园盛况，详见诗文。至康熙末期，已非全盛(见查查浦及汤西厓诗)。至乾隆戊午三年(1738)，园已毁废数年。此后房屋拆卖殆尽，尚存奇石老树，其席宠堂"曲江风度"赐匾委之荒榛中，今空地悉盖官房。[5]其东米市胡同者，已归胡云坡少寇季堂，开地重建。[6]

《怡园图》所示"怡园"景物，其主要建筑临水筑二楼，皆三间，正中者其后又有院落，主楼殆即所谓七间楼耶？楼以复廊周接，皆二层交通。池南有榭、亭。曲桥近两岸，不分割水面，水聚而广。其布局犹沿明园格局，此区以楼突出也。西部二跨院俱平屋。假山分峰用石。园多松柳，苍劲与婀娜相映成趣，极刚柔对比之变。其旁为大学士冯溥万柳堂，故园以多柳出之。张然曾为冯作《万柳堂图》，并构其园。

怡园是康熙间名叠山家张然的作品。王士祯《居易录》："怡园水石之妙，有若天然，华亭(松江)张然所造。然字陶庵，其父号南垣(张涟)，以意创为假山，以营丘、北苑、大痴、黄鹤画法为之，峰壑湍濑，曲折平远，经营惨淡，巧夺画工。"《茶余客话》："华亭张涟能以意叠石为假山，子然继之，游京师，如瀛台、玉泉、畅春苑，皆其所布置。王宛平怡园，亦然所作。"同时王崇简《青箱堂集》中，亦明言为张然所为。陆燕喆《张陶庵传》："陶庵，

271

云间（松江）人，寓檇李（嘉兴）。其先南垣先生，擅一技，取山而假之。其假者遍大江南北，有名公卿间，人见之不问而知张氏之山也。"但是父子二人在技术上互相颉颃，实难分上下。"往年南垣先生偕陶庵为山于席氏之东园（席本祯东园），南垣治其高而大者，陶庵治其卑而小者。其高而大者，若公孙大娘之舞剑也，若老杜之诗，磅礴浏漓，而拔起千寻也；其卑而小者，若王摩诘之辋川，若裴晋公之午桥庄，若韩平原之竹篱茅舍也。其高者与卑者，大者与小者，或面或背，或行或止，或飞或舞，若天台、峨嵋，山阴、武夷。余虽不知其处，而心识其所以然也。"（《张陶庵传》）以平淡胜高峻，以卑小衬宏大，张然之技既烘托乃父之作，且自出蹊径，宜其有跨灶之才。

张涟去世后，张然一度以其术独鸣于东山（洞庭东山）。"其所假有延陵之石，有高阳之石，有安定之石。延陵之石秀以奇，高阳之石朴以雅，安定之石苍以幽，折以肆。陶庵所假不止此，虽一弓之庐，一拳之窠，人人欲得陶庵而山之。居山中者，几忘东山之为山，而吾山之非山也。"（《张陶庵传》）案延陵为吴时雅侬绿园，高阳为许氏园，至清中叶改为副将署，安定为席本桢东园。皆清初东山名园，其所叠山可以乱真，技有至于此。怡园为城市园，

272

与东山之山林园有别。且东山诸园有佳太湖石可致，怡园则以京郊土太湖石叠之，而黄石量少，所叠者唯偏院一区，但两处各自成峰，别具丘壑，互不干扰，皆能体现出石之性能。而最重一端即于拼镶纹理之道，技至乎神，难分真假。斯理言之极简，奈行之又极难，甚至叠石终身始明其理者颇有之。张氏后人虽继其业，号称山子张，然已邈难得其先人之术。抑祖宗虽圣，无补子孙之童昏耶？

图作者焦秉贞，山东济宁人。为钦天监五官正，工西洋画法，绘人物，作耕织田家风景，曲尽其致。康熙中祗候内廷，诏谓《耕织图》四十六幅称旨，其为王熙作《怡园图》，绝无疑义。图上附"诗档"，为王元治所题，书于怡园之南轩。

南京瞻园重修于乾隆间。袁江所绘为当时之景。两园同为市园，而有南北之殊也。

作者注

1　《怡园图》绢本设色高 94.5 厘米、横 161 厘米。幅上附诗档纸本，高 57.6 厘米、横 161 厘米。画题款为"济宁焦秉贞敬绘"。

2　朱彝尊《曝书亭集》卷十："王尚书招同陆元辅、邓汉仪、毛奇龄、陈维崧、周之道、李良年诸微士宴集怡园，周览亭阁之胜，率赋六首：'北斗依城近，南陔选地偏。彩衣逢暇日，珠履托群贤。山拥墙初亚，林疏径屡穿。身随沙际鹤，饮啄到平泉。''石自吴人垒，梯悬汉栈牢。白榆星历历，苍藓路高高。宛得栖林趣，浑忘步屧劳。下山无定所，随意各分曹。''涧白泉初徙，篱金菊未枯。夕曛含略约，乱石点樗蒲。密坐千人许，迷途八阵俱。不因爨烟细，何处觅行厨。''风磴双亭外，疏藤蔓十寻。龙蛇寒自蛰，鸟雀暮长吟。待结千花坠，应同万柳深。隔林催未起，独坐想浓阴。''屧满西南户，堂临上下洄。落成凡几日，胜引喜先陪。监史新图格，壶觞旧酸醅。谢公能睹墅，会见捷书来。''小阁檐端起，虚窗树杪凭。勿惊黄屋近，更绕翠微层。九日今年悔，诸公逸兴能。尚书期可再，雪后转须登。'"在当时诸作中以此最为传诵。

3　王崇简《青箱堂集·正月十六夜儿熙张灯怡园待饮诗》："闲园暮霭映帘

274

枕，秉烛游览与众同。月上空明穿径白，烛悬高下满林红。承欢春酒烟霞窟，逐队银花鼓吹中。共羡风光今岁好，升平惟愿祝年丰。"

4 袁枚《小仓山房诗集》卷十五"随园张灯词"条："'谁倚银屏坐首筵，三朝白发老神仙。（熊涤斋太史）道看羊侃金花烛，此景依稀六十年。'（太史云：'年十五时举京兆，宴宛平相公怡园。见张灯相似，今重赴鹿鸣矣。'）"

5 见汪文端《感宛平酒器诗注》。

6 见《水曹清暇录》。

# 随园图

　　曩岁我于上海朵云轩书画社发现此《随园图》手卷，欣然为同济大学购藏。匆匆二十余年，未及考订，旋为卞君孝萱见之，先我作介绍。但图未与读者见面，且于论造园艺术一端复未涉及，爰就管见所及试谈随园。

　　《随园图》卷绢本，长 173.4 厘米，高 49 厘米，无款，图末盖"汪荣之印"。卷后附管镛书《随园五记》，纸本。以该卷绢质笔意及设色而论，与管镛之效王梦楼（文治）书体，是属乾隆时之作无疑。

　　汪荣为园主袁枚同时人。案清嘉庆重刊《江宁府志》卷四十三"人物·技艺"："汪荣，字欣木，六合县诸生。工画，烟云变幻，颇得二米之法。曹秀先督学江苏，以'深山藏古寺'题试诸生之善画者，以荣为冠。兼工写生。"光绪重修《六合县志》卷八"附录·方技"所述相同。曹秀先于乾隆三十一年（1766）至三十三年（1768）为江苏学政。

管镛字西雍，号桂庵、退庵、激斋，为袁枚弟子。《墨香居画识》卷十载："管镛字退庵，上元岁贡生……丁卯春日，曾访之于城北双石鼓，而不知其能画。近于朱炼师乐园扇头，见其写梅花一枝，精妙绝伦，题句书法亦工，几令人摩挲不忍置。"丁卯为嘉庆十二年（1807）。管镛书《随园五记》后，跋云："随园夫子居随园四十余年矣。名家五为之图，先生六为之记，皆足以传世而宝贵者也。乾隆辛亥年七月，桂庵管镛书并识。"辛亥为乾隆五十六年（1791），袁枚于乾隆十三年（1748）得随园，次年乞病园居，凡四十余年（见《随园诗话》卷五及《随园后记》），与此跋相符。汪荣作图亦正同时，袁枚自己也说"增荣饰观，迥非从前光景"（《随园诗话》卷五）。这是随园全盛时期。

《随园图》卷据袁祖志《随园琐记》，知有五图，计沈凤（凡民、补梦）、罗聘（两峰）、张栋（看云）、项穆之（莘甫）及王霖（春波）、袁树（香亭）等六家。图失于同治间，袁起绘《随园续图》，系出于追忆。其他散见于他书者如《鸿雪因缘图记》有之，亦非园之全貌。

此卷所示随园殊具体，其画非一般写意山水，与《随

277

园记》、随园诗文及后人笔记一一相符，洵难得之园图也。

袁枚字子才，号简斋，浙江杭州人。清代大文学家、诗人，长期居南京小仓山随园中，人称“随园先生”。

随园本名隋园，为雍正间江宁织造隋赫德之园。袁枚于乾隆十三年购入重建，为江南名园之一，且有讹传为《红楼梦》大观园者。

《水窗春呓》卷下：“江宁滨临大江，气象开阔宏丽。北城林麓幽秀，古迹尤多。”“金陵城北冈岭蜿蜒，林木滃翳，至为幽秀。最著名者随园、陶谷。陶即贞白隐居之所，而卜宅非其人，无甚足观。随园乃深谷中依山崖而建，坡陀上下。悉出天然，谷有流水，为湖、为桥、为亭、为舫，正屋数十楹在最高处，如嵰山红雪、琉璃世界。小眠斋、金石斋、群玉山头、小仓山房，玲珑宛转，极水明木瑟之致。一榻一几，皆具逸趣。余曾于春时下榻其中旬日，莺声掠窗，鹤影在岫，万花竞放，众绿环生，觉当日此老清福，同时文人真不及也。下有牡丹厅，甚宏敞。园门之外，无垣墙，惟修竹万竿，一碧如海，过客杳不知中有如许台榭也。”写随园之景，楚楚有致，极为倾人。

园为郊园，居小仓山之麓，无墙垣，有门可识，实则负山环水，有天然之障。而“诸景隆然上浮，凡江湖之大，云烟之变，非山之所有者，皆山之所有也"（《随园记》）。园外之景顾盼而拥焉，此随园选地之佳妙。袁枚虽非造园家，其于造园之学，标园林之道与学问通，甚有见地（其说见《随园三记》）。他将其文学创作的方法，运用到造园中来，提出了"不用形家言，而筑毁如意，变隙地为水为竹，而人不知其不能屋，疏窗而高基，纳远景而人疑其无所穷。以短护长，以疏彰密"（《随园三记》）的布置方法。而此卷皆能体现出来。汪荣将园外之景——翠黛横抹、塔影入池（永庆寺塔）及小桥村居，一一入图，占全卷三分之一，亦此园作者与此卷作者之用心处。

"因地制宜"，自来名园皆能体现之。袁枚虽非造园家，然能曲尽其意。《随园记》之论，足为今日构园之借鉴："随其高为置江楼，随其下为置溪亭，随其夹涧为之桥，随其湍流为之舟，随其地之隆中而欹侧也为缀峰岫，随其葐郁而旷也为设窻突，或抉而起之，或挤而止之，皆随其丰杀繁瘠，就势取景，而莫之夭阏者，故仍名曰'随园'。"《随园记》文拈出一个"随"字与"就势取景"一语，园之设计指导思想在此。实非园记，而造园之法，存乎其间。袁枚说诗讲"性灵"，造园主"得势"，以"随"字来概括之，此所谓立意在先者。

前人筑园类皆喜购旧园而重葺之，以其多古木。新构者必千方百计以求之，得之破墙而入。随园古松亦毁门进之，故有《毁门进古松》之诗，足征古木在园林中之地位。而"缀石分标致，张灯自剪裁"，其重视树石之配置，修剪之入画，用心良苦，非一般不解园学之主人可比。

此园之特征，建筑多楼，亭榭面水，而游廊周接，各自成区，因系山麓园，不必叠山，庭院唯点石而已，符园林叠山、庭院点石之旨。随园《造假山》诗"高低曲折随人意，好处多从假字来"，亦标出一个"随"字。而廊以诗笺为饰，以代诗条石，亦别出一格。《诗城诗》序言："余山居五十年，四方投赠之章，几至万首，梓其尤者，其底本及余诗无安置所，乃造长廊百余尺而尽糊之壁间，号曰诗城。"足证是园除景物可观外，尚多文化之可欣赏。

园既为郊园，力符自然之势。其分区亦存内外之别，内则居室，外则园林。其树木布置，以竹为基调；而厅前牡丹，小院桐荫、桂丛，夹岸垂杨。乔木则古松、银杏点缀山间，清新柔美间有苍古之意。以整体而论，境界自与苏南诸园有异。其利用自然山水，成就为大。其居屋配置，亭廊水榭之属，颇近杭州西湖之山庄，故袁枚自云："余离西湖三十年，不能无首丘之思，每治园戏仿其意。"（《随园五记》）此固为是园之特色，但另一方面不无做作之处。且我国造园自明迄清，至乾隆为一转折点，正如其他建筑一样。盖其时物力充沛，建屋务高峻，山求宏大，故袁枚诗有"造楼不嫌高，开池不嫌多"句。随园之楼过高，在当时便有人评论过（见《六月十四日尹宫保过随园》注云："公嫌门小楼高。"），而水亭之采用方胜双亭式，则为新例，及今唯太仓亦园存此一端。

袁枚于假山施工，有诗咏之，实有助于治叠石史料，《假山成》："……初将地形参，继用粉本写，高低旨随人，其妙转在假……五岳走家中，一拳始腕下……"足证当时叠山先相地、后绘图，在叠置中随宜调整。及至今日犹沿用之。

此园在造园史中，与扬州乔氏《东园图》卷（袁江绘）同属郊园之实例。两者基地不同，有山林地与郊野地之分，虽同为郊园而景自异，但其价值则无可轩轾，为治园史者所必究者。

# 悠然把酒对西山　颐和园

　　"更喜高楼明月夜，悠然把酒对西山。"明米万钟 * 在他北京西郊的园林里，写了这两句诗，一望而知是从晋人陶渊明"采菊东篱下，悠然见南山"脱胎而来的。不管"对"也好，"见"也好，所指的都是远处的山。这就是中国园林设计中的借景。把远景纳为园中一景，增加了该园的景色变化。这在中国古代造园中早已应用，明计成在他所著《园冶》一书中总结出来，有了定名。他说："借者，园虽别内外，得景无拘远近。"已阐述得很明白了。

　　北京的西郊，西山蜿蜒若屏，清泉汇为湖沼，最宜建

---

* 米万钟是中国明末的书画家，又为中国园林的著名设计师之一。现北京大学校园尚存的勺园，即为米万钟创建的著名园林所在。

园。历史上曾为北京园林集中之地，明清两代，蔚为大观，其中圆明园更被称为"万园之园"。

这座在历史上驰名中外的名园——圆明园，其于造园之术，可用"因水成景，借景西山"八字来概括。圆明园的成功，在于"因""借"二字，是中国古代园林的主要手法的具体表现。偌大的一个园林，如果立意不明，终难成佳构。所以造园要立意在先。尤其是郊园，郊园多野趣，重借景。这两点不论从哪一个园，即今日尚存的颐和园，都能体现出来。

圆明园在 1860 年英法联军与 1900 年八国联军入侵北京时已全被焚毁，今仅存断垣残基。如今，只能用另一个大园林颐和园来谈借景。

颐和园在北京西北郊十公里。万寿山耸翠园北，昆明湖弥漫山前，玉泉山蜿蜒其西，风景洵美。

颐和园在元代名瓮山金海，至明代有所增饰，名好山园。清康熙四十一年（1702）曾就此作瓮山行宫。清乾隆十五年（1750）开始大规模兴建，更名清漪园。1860 年为英法联军所毁，1886 年修复，易名颐和园。1900 年又为八国联军所破坏，1903 年又重修，遂成今状。

颐和园是以杭州西湖为蓝本，精心摹拟，故西堤、水岛，烟柳画桥，移江南的淡妆，现北地之胭脂，景虽有相同，趣则各异。

园面积达三四平方公里，水面占四分之三，北国江南因水而成。入东宫门，见仁寿殿，峻宇翚飞，峰石罗前。绕其南豁然开朗，明湖在望。

万寿山面临昆明湖，佛香阁踞其巅，八角四层，俨然为全园之中心。登阁则西山如黛，湖光似镜，跃然眼帘；俯视则亭馆扑地，长廊萦带，景色全围于一园之内，其所以得无尽之趣，在于借景。小坐湖畔的湖山真意亭，玉泉山山色塔影，移入槛前，而西山不语，直走京畿，明秀中又富雄伟，为他园所不及。

廊在中国园林中极尽变化之能事，颐和园长廊可算显例，其予游者之兴味最浓，印象特深，廊引人随，中国画山水手卷，于此舒展，移步换影，上苑别馆，有别宫禁，宜其清代帝王常作园居。

谐趣园独自成区，倚万寿山之东麓，积水以成池，周以亭榭，小桥浮水，游廊随经，适宜静观，此大园中之小园，自有天地。园仿江南无锡寄畅园，以同属山麓园，故有积水，皆有景可借。

水曲由岸，水隔因堤，故颐和园以长堤分隔，斯景始出，而桥式之多，构图之美，处处画本，若玉带桥之莹洁柔和，十七孔桥之仿佛垂虹，每当山横春霭，新柳拂水，游人泛舟，所得之景与陆上得之景，分明异趣。而处处皆能映西山入园，足证"借景"之妙。

# 移天缩地在君怀　避暑山庄

河北省承德市附近原为清帝狩猎的地方，骏马秋风，正是典型的北地风情。然而承德避暑山庄这个著名的北方行宫苑囿，却有杏花春雨般的江南景色，令人向往，游人到此总会流露出"谁云北国逊江南"这种感觉。

苑囿之建，首在选址，需得山川之胜，辅以人工。重在选景，妙在点景，二美具而全景出，避暑山庄正得此妙谛。山庄群山环抱，武烈河自东北沿宫墙南下。有泉冬暖，故称热河。

清康熙于1703年始建山庄，经六年时间初步完成，作为离宫之用。朴素无华，饶自然之趣，故以山庄名之，有三十六景。其后，乾隆又于1751年进行扩建，踵事增华，亭榭别馆骤增，遂又增三十六景。同时建寺观，分布山区，规模较前益广。

行宫周约 20 公里，多山岭，仅五分之一左右为平地，而平地又多水面，山岚水色，相映成趣。居住朝会部分位于山庄之东，正门内为楠木殿，素雅不施彩绘，因所在地势较高，故近处湖光，远处岚影，可卷帘入户，借景绝佳。园区可分为两部，东南之泉汇为湖泊，西北山陵起伏如带，林木茂而禽鸟聚，麋鹿散于丛中，鸣游自得。水曲因岸，水隔因堤，岛列其间，仿江南之烟雨楼、狮子林等，名园分绿，遂移北国。

山区建筑宜眺、宜憩，故以小巧出之而多变化。寺庙间列，晨钟暮鼓，梵音到耳。且建藏书楼文津阁，储《四库全书》*于此。园外东北两面有外八庙，为极好的借景，融园内外景为一。

山庄占地 564 万平方米，为现存苑囿中最大。山庄自然地势，有山岳平原与湖沼等，因地制宜，变化多端。而林木栽植，各具特征，山多松，间植枫，水边宜柳，湖中栽荷，园中"万壑松风""曲水荷香"，皆因景而得名。而

---

\* 《四库全书》是清代乾隆年间（1772—1782）编的一部大型丛书，内容广泛，保存并整理了大量中国古籍文献。全书共收古籍 3503 种，79337 卷。分经史子集四部，故名四库全书。

万树园中，榆树成林，浓荫蔽日，清风自来，有隔世之感。

中国苑囿之水，聚者为多，而避暑山庄湖沼，得聚分之妙，其水自各山峪流下，东南经文园水门出，与武烈河相接。湖沼之中，安排如意洲、月色江声、芝径云堤、水心榭等洲、岛、桥、堰，分隔成东湖、如意洲湖及上下湖区域。亭阁掩映，柳岸低迷，景深委婉。而山泉、平湖之水自有动静之分，故山麓有"暖流喧波""云容水态""远近泉声"。入湖沼则"澄波叠翠""镜水云岭""芳渚临流"。水有百态，景存千变。

山庄按自然形势，广建亭台、楼阁、桥梁、水榭等。并且更就幽峪奇峰，建造寺观庵庙，计东湖沼区域有金山寺、法林寺等。山岳区内，其数尤多，属道教者有广元宫、斗姥阁；属佛教的有珠源寺、碧峰寺、旃檀林、鹭云寺、水月庵等，有内八庙之称。殿阁参差，浮屠隐现，朝霞夕月，梵音钟声，破寂静山林，绕神妙幻境。苑囿园林，于自然景物外，复与宗教建筑相结合。

山庄峰峦环抱，秀色可餐，隔武烈河遥望，有"锤峰落照"一景。自锤峰沿山而北，转狮子沟而西，依次建溥仁寺、溥善寺、普乐寺、安远庙、普佑寺、普宁寺、须弥福寿之庙、普陀宗乘之庙、殊像寺、广安寺、罗汉堂、狮子园等寺庙与别园，且分别模仿新疆、西藏等少数民族建筑造型以及山海关以内各地建筑风格，崇巍瑰丽，与山庄建筑，呼应争辉。试登离宫北部界墙之上，自东及北，诸庙尽入眼底，其与离宫几形成一空间整体，蔚为一大风景区。

用"移天缩地在君怀"这句话来概括山庄，可以说体现已尽。其能融南北园林于一处，组各民族建筑在一区，不觉其不协调不顺眼，反觉面面有情，处处生景，实耐人寻味。故若正宫、月色江声等处，实为北方民居四合院之组合方式，而万壑松风、烟雨楼等，运用江南园林手法灵活布局。秀北雄南，目在咫尺，游人当可领略其造园之佳妙。

# 别有缠绵水石间　十笏园

山东潍坊十笏园是一个精巧得像水石盆景的小园，占地二千多平方米，内有溶溶水石，楚楚楼台，其构思之妙，足为造小园之借鉴。

十笏园建于清光绪十一年（1885），原为丁善宝的园林。笏即朝笏，古代大臣朝见君王时所用，多以象牙制成。因园小巧玲珑，故以十笏名之。中国园林命名常存谦逊之意，如近园、半亩园、芥子园等皆此类。

园中以轻灵为胜，东筑假山，面山隔水为廊，廊尽渡桥，建水榭，旁列小筑，名隐如舟。临流有漪澜亭。池北花墙外为春雨楼，与池南倒座高下相向。

亭台山石，临池伸水，如浮波上，得水园之妙，又能以小出之，故山不在高，水不在广，自有汪洋之意。而高大建筑，复隐其后，以隔出之，反现深远。而其紧凑蕴藉、耐人寻味者正在此。

小园用水，有贴水、依水之别。江苏吴江同里汪氏退思园，贴水园也。因同里为水乡，水位高，故该园山石、桥廊、建筑皆贴水面，予人之感如在水中央。苏州网师园，依水园也。亭廊依水而筑，因水位较低，故环池驳岸作阶梯状。同在水乡，其处理有异。然则园贴水、依水，除因水制宜外，更着眼于以有限之面积，化无限之水面，波光若镜，溪源不尽，能引人遐思。"盈盈一水间，脉脉不得语。"《古诗十九首》中境界，小园用水之极矣。

造大园固难，构小园亦不易。水为脉络，贯穿全园，而亭台山石，点缀出之，概括精练，如诗之绝句、词中小令，风韵神采，即在此水石之间。北国有此明珠，亦巧运匠心矣。

池东叠石成山，山上有二亭，登亭可瞰全园景色。池中漪澜亭与山上二亭互相呼应，三亭皆尺度合宜，小巧精致。

十笏园布局以水池为中心，池中水榭四面临水，故用敞亭的形式，为园中第一佳景。

# 绿杨宜作两家春　拙政园

"明月好同三径夜，绿杨宜作两家春。"

拙政园现分为中、西两部，在西部补园，望隔院楼台，隐现花墙之上，欲去无从，登假山巅的宜两亭看，真是美景如画，尽展眼帘，既可俯瞰补园，又可借中部园景，这才领略到亭用"宜两"二字命名所在。

拙政园建于明嘉靖年间，为御史王献臣所建，拙政二字是取古书上"拙者之为政"的意思，表示园主不得志于朝，筑园以明志。几经易主，到了清太平天国战争后，这园的西部分割了出去，名为补园。两园之景互相邻借，虽分犹合。如今东部新辟的园林，则又是从另一园归田园合并过来的。

园以水为主，利用原来低洼之地，巧妙安排；高者为

拙政园俯瞰，
秋色斑斓

293

雪香云蔚亭

拙政园

山，低者拓池，利用其狭长水面，弯环曲岸，深处出岛，浅水藏矶，使水面饶弥漫之意。而亭台间出，桥梁浮波，以虚实之倒影，与高低的层次，构成了以水成景的画面。它是舒展成图，径缘池转，廊引人随，使游者入其园，信步观景，移步移影，景以动观为主。偶尔暂驻之亭，与可留之馆，予人以小休眺景，则又以静观为辅。

拙政园美在空灵，予人开朗之感，开朗中又具曲笔，所谓"园中有园"。故枇杷园、海棠春坞等小园幽静宜人，而于花墙窗棂中招大园之景于内，互呈其美者，苏州诸园以此为第一。故游人入是园，多少会产生闲云野鹤、去来无踪的雅致。春水之腻，夏水之浓，秋水之静，冬水之寒，与四时花木、朝夕光影，构成了不同季节、不同时间的风光。

拙政园内有几处景点是绝不可错过的。远香堂是座四面敞开的荷花厅，荷香香远益清，所以称远香堂。人至此环身顾盼，一园之景可约略得之。前有山，后有岛，左有亭，右有台，而廊楯周接，木映花承，鸟飞于天，鱼跃于渊，景物之恬适，如饮香醇，此为主景。右转枇杷园，回首远眺，月门中逗入远处雪香云蔚亭，此为对景。经海棠春坞，循栏至梧竹幽居，一亭四出辟拱，人坐其中，四顾皆景矣。渡曲桥登两岛，俯身临池，如入濠濮。望隔岸远香堂、香洲一带华堂、船舫，皆出水面，风荷数柄，摇曳碧波之间，涟漪乍绉，泂足醒人。至西北角，缓步随石径登楼，一园之景毕于楼下，以"见山"二字名楼。

通过"别有洞天"的深幽园门，进入园的西部。三十六鸳鸯馆居其中，南北二厅分居前后，南向观山景，北向看荷花，鸳鸯戏水，出没荷蕖间。隔岸浮翠阁出小山之上。所谓浮翠，是水绿、山碧、天青的意思。其旁濒池留听阁，取唐李商隐"留得残荷听雨声"意，此处宜秋，因构此景。浮翠阁之东，倒影楼与宜两亭互为对景，而一水盈盈，高下相见，游人至此，一园之胜毕矣。迟迟举步，回首依恋，园尽而兴未阑也。

# 庭院深深深几许　留园

"小廊回合曲栏斜""庭院深深深几许"，这些唐宋人的词句，描绘了中国庭院建筑之美。

苏州留园与拙政园一样，皆初建于明代，亦同样经过后人重修。其中部假山，出自明代叠山匠师周秉忠之手。留园又名寒碧山庄，因为清刘蓉峰 * 重整此园时，多植白皮松，使园更显清俊，故以寒碧二字名之。刘氏好石，列十二峰宠其园，如冠云一峰，即驰誉至今。

进入留园，那狭长的进口，时暗时明，几经转折，始现花墙当面，仅见漏窗中隐现池石；及转身至明瑟楼，方见水石横陈，花木环覆，不觉此身已置画中矣。恰似白居

---

\* 刘蓉峰是清嘉庆年间园林学家，为苏州留园的重要修整人之一。

入口步廊　　留　园

月洞门内观花木

留园

霜叶红于二月花

留园

易"千呼万唤始出来，犹抱琵琶半遮面"的诗意。

此园之中部，有山环水，曲溪楼居其东，粉墙花棂，倒影历历，可亭踞北山之巅，闻木樨香轩与曲溪楼相对，但又隐于石间，藏而不露。游廊环园，起伏高低，止于池南。涵碧山房，荷花厅也。其西北小桥，架三层，各因地势形成立体交通。临水跨谷，各具功能，又各饶情趣。于数丈之地得之，巧于安排也。翘首西望，远眺枫林若醉，倾入池中，红泛碧波，引人遐想，得借景之妙。

园之东部多院落，楼堂错落，廊庑回缭，峰石水池，间列其前，游人至此，莫知所至。揖峰轩、五峰仙馆、林泉耆硕之馆、冠云楼等参差组合，各自成区，而又互通消息，实中寓虚，其运用墙之分隔、窗之空透，使变化多端，而风清月朗，花影栏杆，良宵更为宜人。

中部之水，东部之屋，西部之山，各有主体，各具特征，而皆有节奏韵律，人能得之者变化而已。而"园必隔，水必曲"之理，于此园最能体现。

冬雪与梅花

留园

303

# 二分明月在扬州　扬州园林

　　江苏扬州市西郊有瘦西湖，湖以瘦字命名，已点出其景致特色。

　　瘦西湖原是一条狭长水面，两岸以往全是私家园林，万柳拂水，楼阁掩映，瘦西湖正是游诸园的水上交通要道。清时，因乾隆南巡，加建了白塔与五亭桥，虽都是模仿北京北海的建筑，可是风格各有不同。从城内的小秦淮乘画舫缓缓入湖，登小金山俯瞰全湖，坐在"月观"，眺望"四桥烟雨"，空濛迷离，婉约如一首清歌。

　　瘦西湖的景妙在巧。最巧是从小金山下沿堤至"钓鱼台"，白塔与五亭桥分占圆拱门内，回视小金山，又在另一拱门中，所谓面面有情，于此方得。而雨丝风片，烟波画船，人影衣香，赤栏小桥，游览应以舟行最能体

会到其中妙处。

平山堂是瘦西湖一带最高的据点，堂前可望江南山色，有一联："晓起凭栏，六代青山都到眼；晚来对酒，二分明月正当头。"将景物概括殆尽。此堂位置正与隔江之山齐平，故称平山堂。其他如"白塔晴云""春台明月""蜀冈晚照"等二十四景亦招徕了不少游人。如今平山堂所在地的大明寺又建了唐高僧鉴真纪念堂，修整了西园，西园有山中之湖，并有天下第五泉，饶山林泉石之趣。

扬州以名园胜，名园以叠石胜。扬州具有地方特色的四季假山，能使游者从各类假山中，享受到不同季节的感受。个园的假山就是其中代表作。

个园园门内满植修竹，竹间配置石笋，以一真一假的幻觉形成了春景。湖石山是夏山，山下池水流入洞谷，其洞如屋，曲折幽邃，山石形态多变化，是夏日纳凉的好地方。秋山是一座黄石山，山的主面向西，每当夕阳西下，一抹红霞，映照在山上，不但山势显露，并且色彩倍觉斑斓，而山的本身又拔地数丈，峻峭凌云，宛如一幅秋山图，是秋日登高的理想所在。山中还置小院、石桥、石室等，人在洞中上下盘旋，造奇致胜。登山顶北眺绿杨城郭、瘦西湖、平山堂诸景，一一招入园内。

山之南有石一丘，其色白，巧妙地象征雪意，是为冬景。从不同的欣赏角度，构不同季节的假山，只扬州有之。

楼阁建筑是中国园林的重要组成部分，楼阁嵯峨，游廊高下，予人以极深刻之印象。而扬州园林除水石之胜外，其厅堂高敞，多置于一园的主要位置，作为宴客畅聚之用，因为园林的主人皆属富商，有必要的交际活动。厅堂都为层楼，其连缀之游廊，同样亦有两层，称复道廊，故游览线形成上下两层，借山登阁，穿洞入穴，上下纵横，游者至此往往迷途，此与苏州园林在平面上的柳暗花明境界，有异曲同工之妙。游寄啸山庄，则游者必能体会。

寄啸山庄中凿大池，池北楼宽七楹，主楼三间突出，称蝴蝶厅，楼旁连复道廊可绕全园，高低曲折，随势凌空。中部与东部又用此复廊分隔，通过上下两层壁间的漏窗，可互见两面景色，空透深远。池东筑水亭，四角卧波，为纳凉演剧之所。在在突出建筑物，而山石水池则点缀其间。洞房曲户，回环四合，隋炀帝在扬州建造迷楼，流风所及，至今尚依稀得之。清乾隆年间《履园丛话》说："造屋之工，当以扬州第一，如作文之有变换，无雷同。虽数间之筑，必使门窗轩豁，曲折得宜。"寄啸

绿竹猗猗

个 园

山庄使人屡屡难以忘情者，其故在此。

扬州的景物是平处见天真，虽无高山大水，而曲折得宜，起伏有致，佐以婉约轻盈之命名，能于小处见大，简中寓繁，蕴藉多姿。

小盘谷的九狮山石壁，允为扬州园林中之上选。园中的建筑物与山石、山石与粉墙、山石与水池、前院与后院等配置，利用了幽深与开朗、高峻与低平等的对比手法，形成一时此分彼合的幻景。花墙间隔得非常灵活，山峦、石壁、步石、谷口等的叠置，正是危峰耸翠，苍岩临流，水石交融，浑然一体。园内虽无高楼奇阁，但幽曲多姿，浅画成图。"以少胜多"的园林设计法，在扬州以此园最有代表性。

**图书在版编目（CIP）数据**

园林有境 / 陈从周著 . -- 长沙：湖南美术出版社，
2023.6 (2013.11 加印)
ISBN 978-7-5356-9230-6

Ⅰ.①园… Ⅱ.①陈… Ⅲ.①古典园林－园林艺术－
研究－中国 Ⅳ.① TU986.62

中国国家版本馆 CIP 数据核字 (2023) 第 060324 号

# 园林有境

YUANLIN YOU JING

陈从周　著

出 版 人　黄　啸
出 品 人　陈　垦
出 品 方　中南出版传媒集团股份有限公司
　　　　　上海浦睿文化传播有限公司
　　　　　（上海市巨鹿路 417 号 705 室 邮编 200020）
责 任 编 辑　王管坤
封 面 设 计　尚燕平
美 术 编 辑　凌　瑛
责 任 印 制　王　磊
出 版 发 行　湖南美术出版社
　　　　　（长沙市雨花区东二环一段 622 号 邮编 410016）
经　　　销　湖南省新华书店
印　　　刷　深圳市福圣印刷有限公司

开本：880mm×1230mm 1/32　　印张：10　字数：131千字
版次：2023 年 6 月第 1 版　　印次：2023 年 11 月第 2 次印刷
定价：88.00 元

如有倒装、破损、少页等印装质量问题，请联系: 021–60455819

出品人：陈 垦

策 划 人：刘 佳

监　　制：余 西　于 欣

出版统筹：胡 萍

编　　辑：靳田田　姚钰媛

摄　　影：细草穿沙

封面设计：尚燕平

美术编辑：凌 瑛

营销编辑：尾 号 哈 哈 阿 七

投稿邮箱 insight@prshanghai.com

新浪微博 @ 浦睿文化